# 中国顶级建筑表现案例精选⑤

# 公共建筑（上）

PUBLIC BUILDING

本书编写委员会 编

中国林业出版社

图书在版编目（CIP）数据

中国顶级建筑表现案例精选．⑤，公共建筑 /《中国顶级建筑表现案例精选》编委会编．-- 北京：中国林业出版社，2016.7

ISBN 978-7-5038-8636-2

Ⅰ．①中… Ⅱ．①中… Ⅲ．①公共建筑－建筑设计－作品集－中国－现代 Ⅳ．① TU206 ② TU242

中国版本图书馆 CIP 数据核字 (2016) 第 176069 号

---

**主　　编**：李　壮
**副 主 编**：李　秀
**艺术指导**：陈　利
**编　　写**：徐琳琳　卢亚男　谢　静　梅　非　王　超　吕聃聃　汤　阳
林　贺　王明明　马翠平　蔡洋阳　姜雪洁　王　惠　王　莹
石薛杰　杨　丹　李一茹　程　琳　李　奔
**组　　稿**：胡亚凤
**设计制作**：张　宇　马天时　王伟光

---

**中国林业出版社 · 建筑分社**
**责任编辑**：纪　亮、王思源

---

**出 版**：中国林业出版社（100009 北京西城区德内大街刘海胡同 7 号）
**印 刷**：北京利丰雅高长城印刷有限公司
**发 行**：新华书店
**电 话**：（010）8314 3518
**版 次**：2016 年 7 月 第 1 版
**印 次**：2016 年 7 月 第 1 次
**开 本**：635mm × 965mm，1/16
**印 张**：21
**字 数**：200 千字
**定 价**：720.00 元（上、下册）

ARCHITECTURE
EXPRESSION

目录
CONTENTS

# 剧院及文化中心
## THEATER AND CULTURE CENTER

**1 2 3** 釜山剧院

设计：弘纳建筑
绘制：上海三藏环境艺术设计有限公司

**4 5** 贵阳人民剧场

设计：上海亚图建筑设计咨询有限公司
绘制：上海鼎盛建筑设计有限公司

3

4

5

1

2

3

4

**1 2** 韩国某剧院

设计：BCC
绘制：大千视觉（北京）数码科技有限公司

**3 4** 某演艺广场

绘制：上海翰境数码科技有限公司

1

3

1 2 3 4 5 6 7 某音乐现场

设计：卓创国际
绘制：重庆叠晶数码科技有限公司

5

6

7

**1 2** 南京威尼斯影城

设计：北京蓝图工程设计有限公司
绘制：东莞市天海图文设计

**3 4 5** 盐城杂技城

设计：郭工
绘制：深圳市深白数码影像设计有限公司

4

5

**1 2** 大东南文化中心

设计：笔奥
绘制：宁波筑景

**3 4 5** 法库文化中心

设计：沈阳都市建筑设计有限公司
绘制：沈阳金思谰建筑设计咨询有限公司

3

1 2 3 4 佛山高明文化中心

设计：深圳建科院
绘制：深圳市原创力数码影像设计有限公司

5 海口某文化广场

设计：联创国际
绘制：上海三藏环境艺术设计有限公司

4

5

2

4

1 2 3 4 海口某文化广场

设计：联创国际
绘制：上海三藏环境艺术设计有限公司

5 6 来凤民族文化中心

设计：中国轻工业武汉设计工程有限责任公司
绘制：武汉北极光数码科技有限公司

5

6

1 2 3 4 5 康巴艺术中心

绘制：北京屹巅时代建筑艺术设计有限公司

3

4

5

3

**1 3 兰州东方红文化广场**

设计：澳大利亚 BBC 建筑景观工程设计公司
绘制：杭州炫蓝数字科技有限公司

**2 4 老子文化园**

绘制：北京未来空间建筑设计咨询有限公司

4

**1 3** 六安文化馆

设计：合肥工业大学建筑设计院
绘制：合肥T平方建筑表现

**2 4 5 6** 泸州艺术中心

设计：中国国际设计顾问有限公司西南分公司
绘制：成都亿点数码艺术设计有限公司

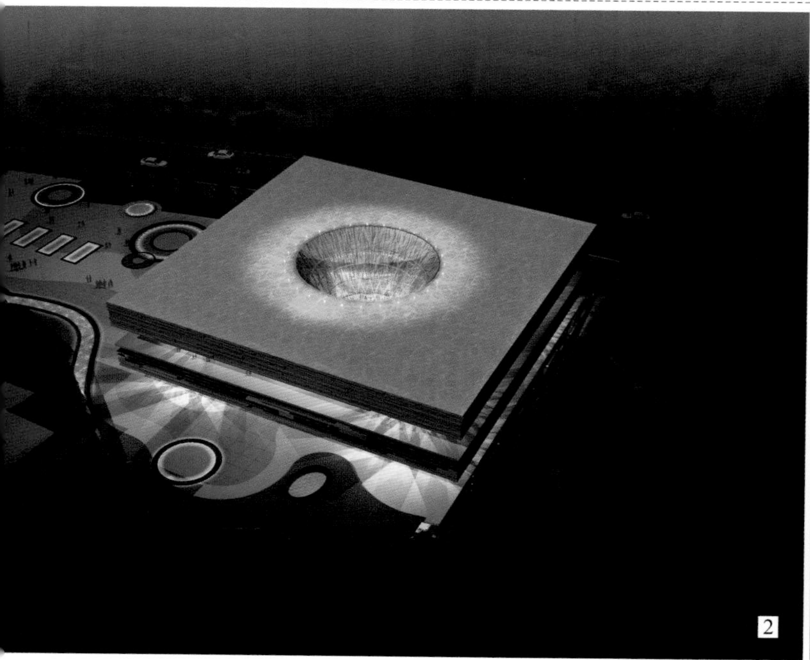

2

4

5

6

1

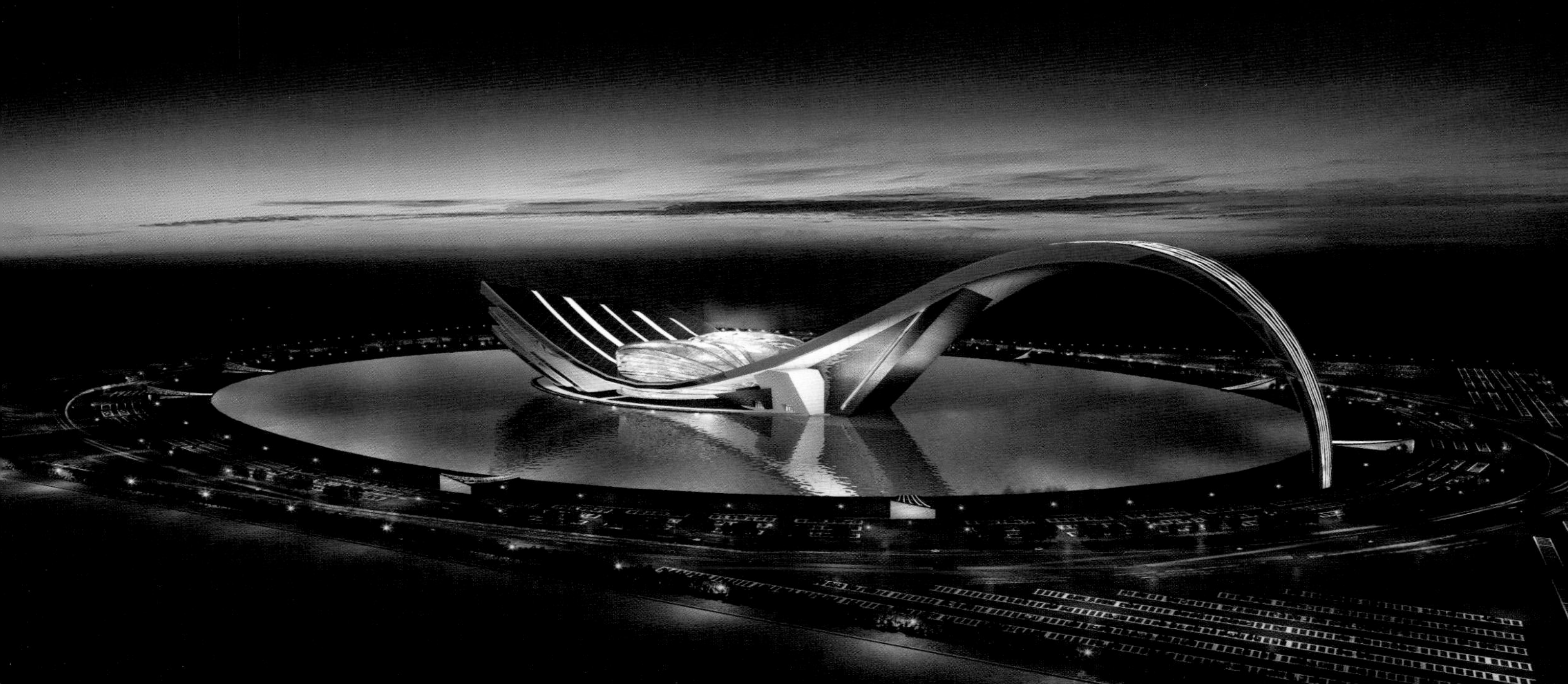

5

6

**1 2** 某文化广场

设计：青岛时代建筑设计有限公司
绘制：青岛金东数字科技有限公司

**3 4 5 6 7 8** 某文化建筑

绘制：上海创腾文化传播有限公司

7

8

1 2 3 4 某文化中心

设计：某设计机构
绘制：天津天唐筑景建筑设计咨询有限公司

3

4

1

2

3

**1 2 3 某文化中心**

设计：某设计机构
绘制：天津天唐筑景建筑设计咨询有限公司

**4 5 6 山东书城**

设计：同圆卫东工作室
绘制：济南雅色机构

4

5

6

1

3

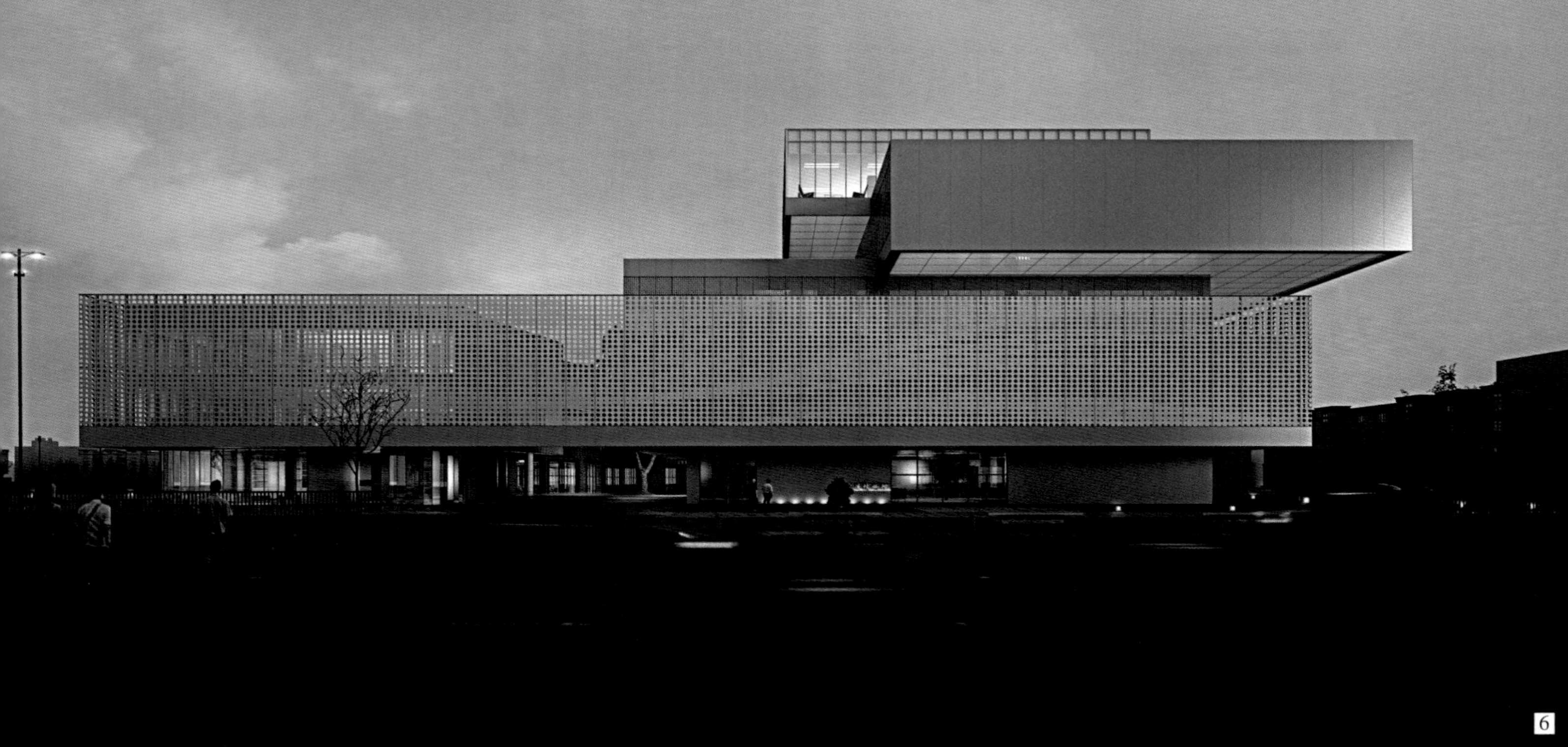

1 2 山东书城

设计：同圆卫东工作室
绘制：济南雅色机构

3 4 泰安儿童活动中心

设计：建开利源建筑设计有限公司
绘制：大千视觉（北京）数码科技有限公司

5 6 武清文化中心

设计：华汇工程设计
绘制：天津天砚建筑设计咨询有限公司

1

1 2 3 4 5 6 7 枣庄文体中心

设计：联创国际
绘制：上海三藏环境艺术设计有限公司

2

3

**1** **4** 资阳文体中心

设计：王珏
绘制：成都蓝宇图像

**2** 北京某主题公园

设计：中南建筑设计院
绘制：武汉星奕筑建筑设计有限公司

**3** 贺州文化中心

设计：南宁某设计公司
绘制：上海日盛 & 南宁日易盛设计有限公司

**5** 浩博文化广场

设计：英国杰佛仕发展及城市设计有限公司
绘制：上海鼎盛建筑设计有限公司

**1** 河北正定青少年活动中心

设计：华汇工程设计
绘制：天津天砚建筑设计咨询有限公司

**2** 静安文化中心

绘制：上海鼎盛建筑设计有限公司

**3** 某青少年活动中心

设计：安徽省建筑设计研究院
绘制：合肥T平方建筑表现

**4** 某文化建筑

设计：南宁某设计公司
绘制：上海日盛 & 南宁日易盛设计有限公司

**5** 某文化馆

绘制：天津天砚建筑设计咨询有限公司

3

4

5

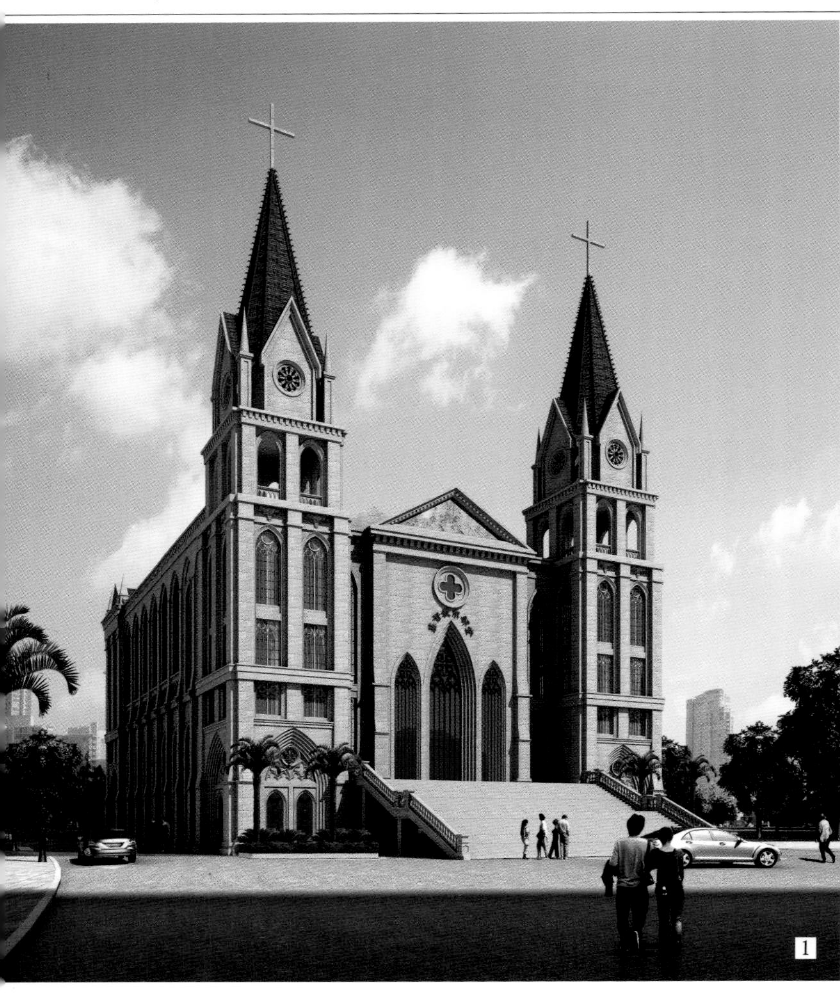

1

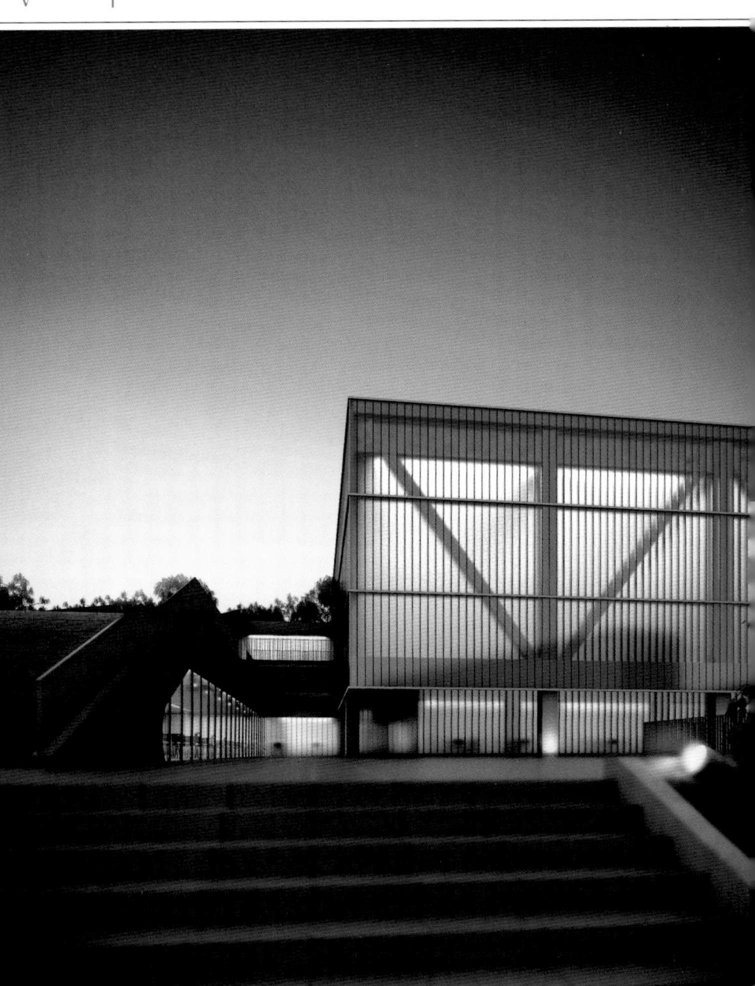

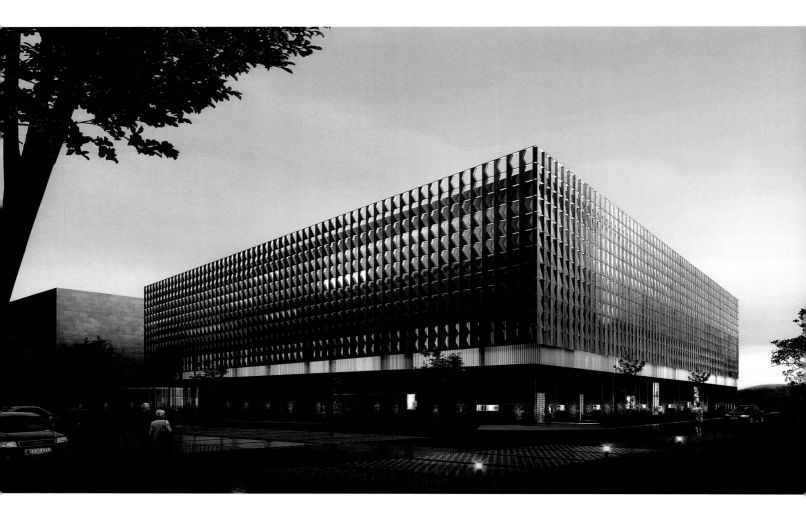

**1 某教堂**

设计：林工
绘制：厦门原点科技开发有限公司

**2 三瓦窑文体中心**

设计：刘艺
绘制：成都蓝宇图像

**3 某文化广场**

设计：华汇工程设计
绘制：天津天砚建筑设计咨询有限公司

**4 五乡文化中心**

设计：中南建筑设计院
绘制：宁波筑景

**5 某文化中心**

绘制：上海翰境数码科技有限公司

4

5

**1** 重庆某文化中心

设计：中联程泰宁建筑设计研究院
绘制：上海艺筑图文设计有限公司

**2** 上海某体育文化中心

设计：南宁某设计公司
绘制：上海日盛 & 南宁日易盛设计有限公司

**3** 乌海文化中心

设计：泛华建设集团有限公司河南设计分公司
绘制：河南灵度建筑景观设计咨询有限公司

**4** 紫贝文化创意港

设计：英国杰佛仕发展及城市设计有限公司
绘制：上海鼎盛建筑设计有限公司

**5** 商丘市科技文化中心

设计：泛华建设集团有限公司
绘制：河南灵度建筑景观设计咨询有限公司

2

4

5

文化建筑

CULTURE BUILDING

建筑＋表现

# 博物馆及展览中心

**MUSEUM AND EXHIBITION CENTER**

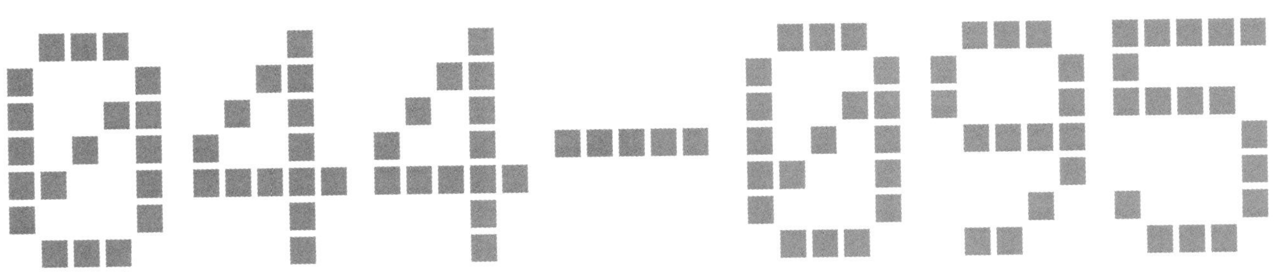

1 4 5 长葛博物馆

设计：华中科技大学规划设计研究院
绘制：武汉擎天建筑设计咨询有限公司

2 3 6 成都博物馆

绘制：北京原鼎世纪建筑设计咨询公司

2

3

4

5

6

1 2 成都博物馆

绘制：北京原鼎世纪建筑设计咨询公司

3 4 滁州博物馆

设计：省建筑设计研究院
绘制：合肥T平方建筑表现

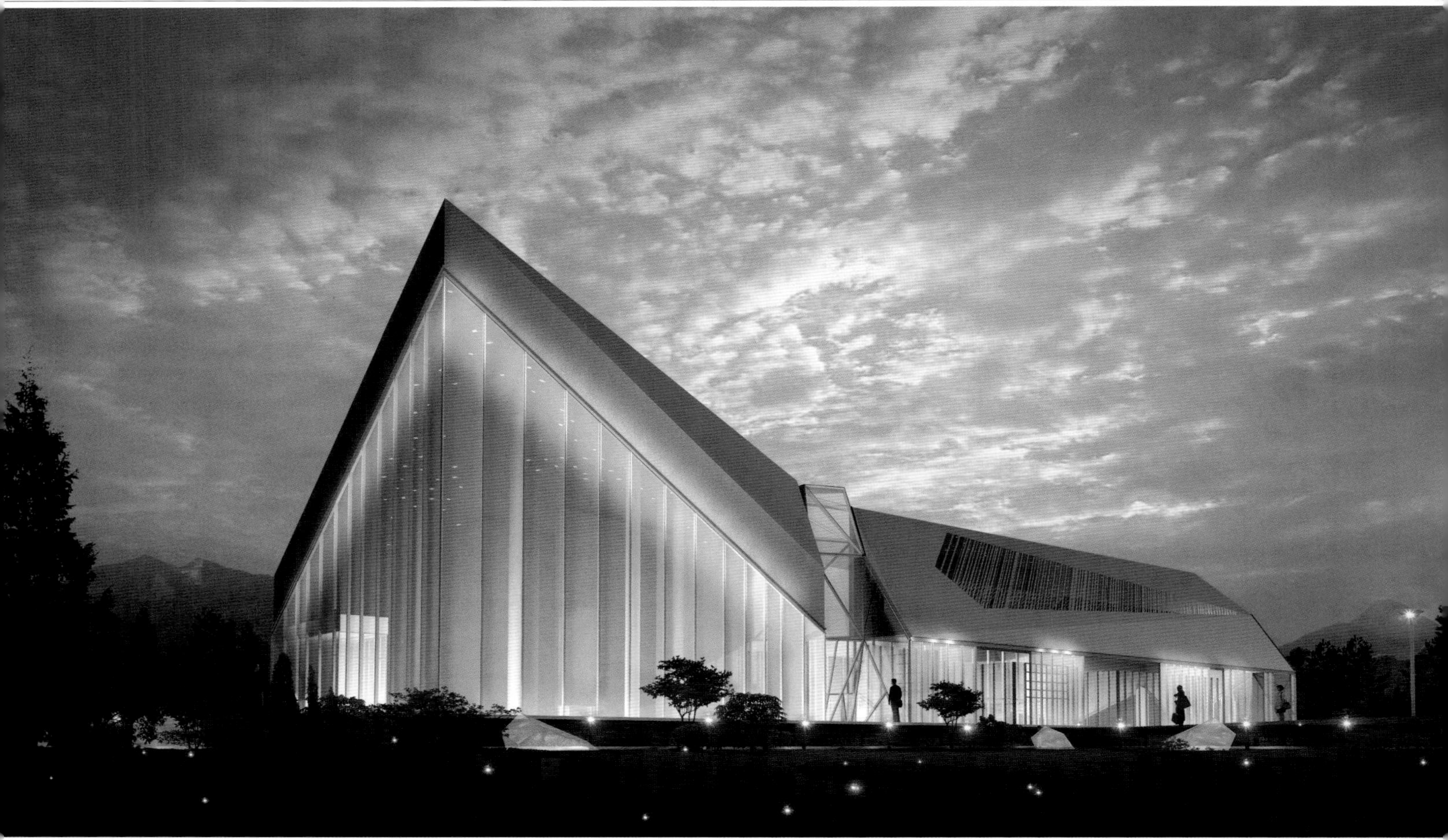

**1 2 韩国某博物馆**

设计：清华大学美术学院
绘制：大千视觉（北京）数码科技有限公司

**3 4 某博物馆**

设计：尹工
绘制：合肥市包河区徽源图文设计工作室

**5 湖北省博物馆**

设计：中南建筑设计院
绘制：武汉北极光数码科技有限公司

1

2

3

4

2 3 4 5 6 山东莱州博物馆

设计：中联程泰宁建筑设计研究院
绘制：上海艺筑图文设计有限公司

5

6

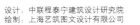

**1 2** 山东莱州博物馆

设计：中联程泰宁建筑设计研究院
绘制：上海艺筑图文设计有限公司

**3 4 5 6** 台州博物馆

设计：香港华艺建筑设计
绘制：深圳市水木数码影像科技有限公司

4

5

1

5

**1** 临沂颜真卿博物馆

设计：SERIE
绘制：北京思锐视觉图文制作有限公司

**2** 杭州某博物馆

设计：浙江省城乡规划院
绘制：杭州潘多拉数字科技有限公司

**3** **5** 台州博物馆

设计：香港华艺建筑设计
绘制：深圳市水木数码影像科技有限公司

**4** 唐山某陶瓷博物馆

设计：北京东方华太建筑设计工程有限责任公司
绘制：北京回形针图像设计有限公司

某红酒博物馆

设计：中南建筑设计院
绘制：宁波筑景

6

4

5

2 3 4 八一水库规划展览馆

设计：北京五德 SYN
绘制：北京映像社稷数字科技

5 包头石拐规划展览馆

设计：北京五德 SYN
绘制：北京映像社稷数字科技

包头石拐新区规划展览馆

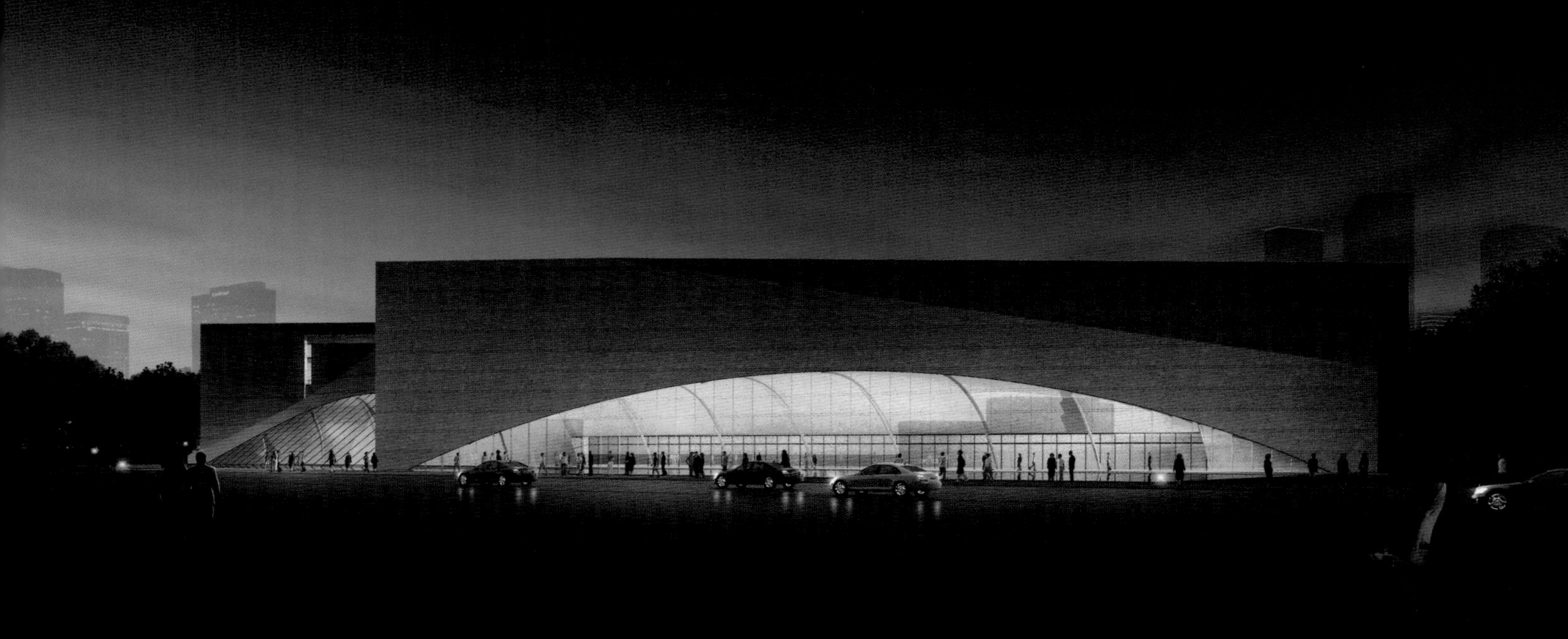

1 2 3 包头石拐规划展览馆

设计：北京五德 SYN
绘制：北京映像社稷数字科技

4 5 承德县规划展示馆

设计：清华大学建筑设计研究院—许懋彦工作室
绘制：北京回形针图像设计有限公司

6 7 某城展馆综合楼

绘制：北京未来空间建筑设计咨询有限公司

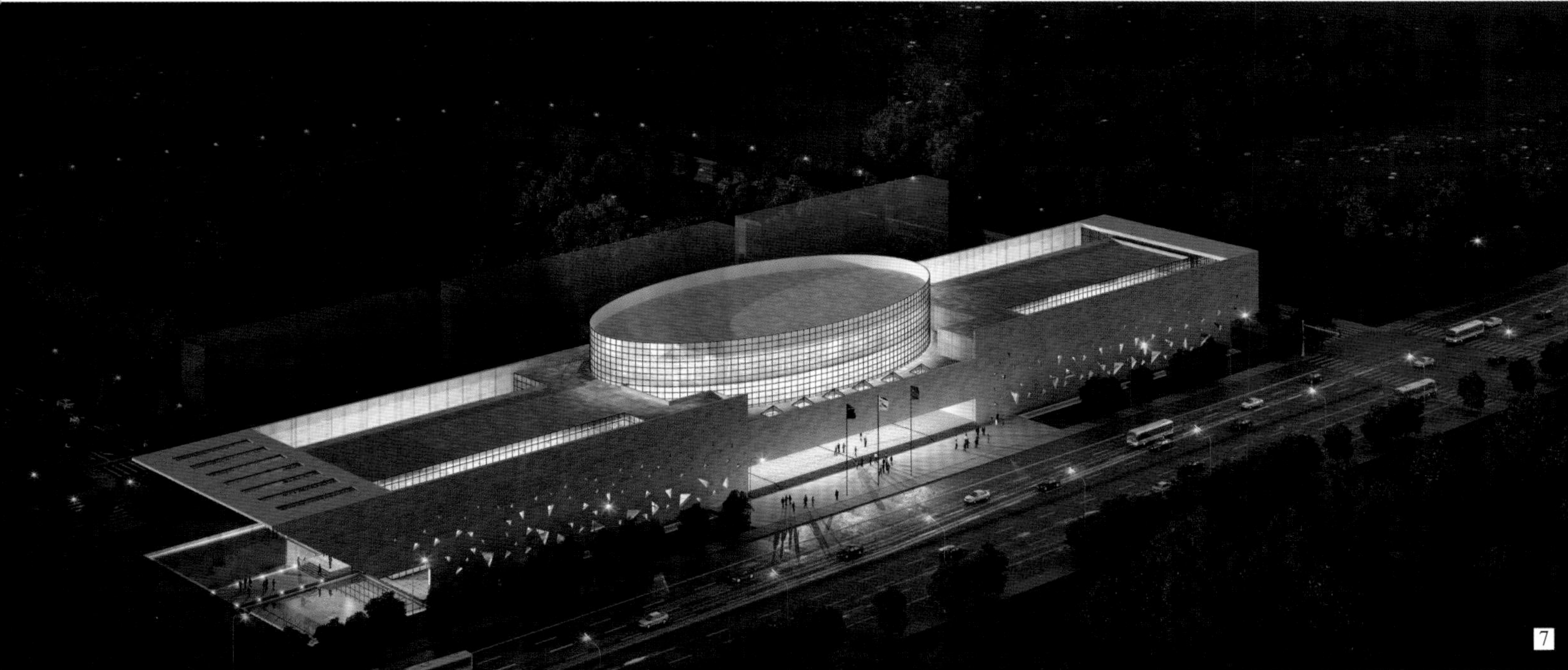

**1 2 轨道交通科普馆**

设计：武汉市建筑设计院
绘制：武汉擎天建筑设计咨询有限公司

**3 4 某展览馆**

设计：深圳市建筑科学研究院有限公司
绘制：深圳市深白数码影像设计有限公司

3

4

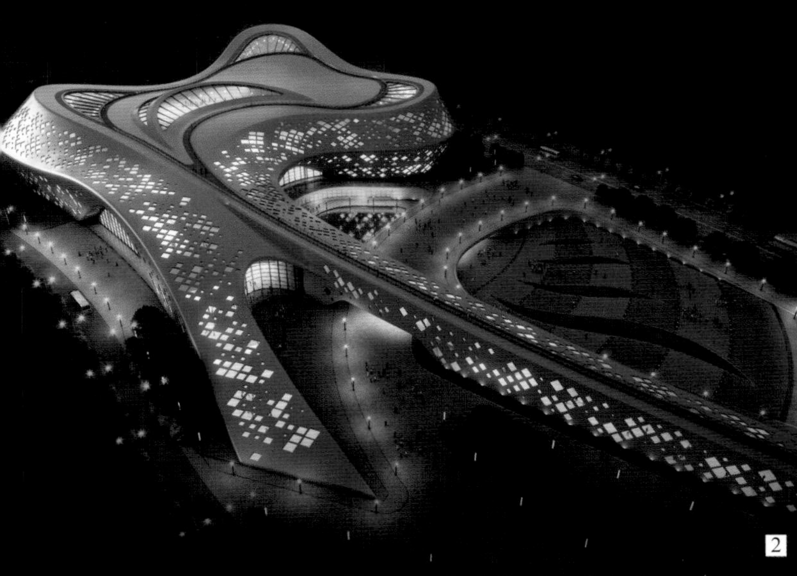

2

**1 2 3 5** 内蒙古鄂尔多斯展览馆

设计：现代院　何学山
绘制：上海赫智建筑设计有限公司

**4 6** 潜江城市规划展览馆

设计：武汉市建筑设计院
绘制：武汉擎天建筑设计咨询有限公司

5

6

**1 2** 南山区美术馆

设计：中国建筑西北设计研究院有限公司
绘制：深圳市深白数码影像设计有限公司

**3 4** 石家庄正定美术馆

设计：华汇工程设计
绘制：天津天砚建筑设计咨询有限公司

4

**1 2 泗县展览馆**

设计：中国建筑科学研究院
绘制：合肥T平方建筑表现

**3 4 5 宋雨桂美术馆**

设计：沈阳都市建筑设计有限公司
绘制：沈阳金思澜建筑设计咨询有限公司

SONGYUGUI MUSEUM

宋雨桂美术馆

1 2 3 4 5 宋雨桂美术馆

设计：沈阳都市建筑设计有限公司
绘制：沈阳金思调建筑设计咨询有限公司

4

5

4

5

**1** **5** 武汉科技馆

设计：中科院建筑设计研究院
绘制：大千视觉（北京）数码科技有限公司

**2** **4** 中信城规划展览馆

设计：深圳思创建筑设计有限公司
绘制：广州风禾数字科技有限公司

**3** 重庆万州三峡科技馆

绘制：北京屹巅时代建筑艺术设计有限公司

1

5

1 重庆万州三峡科技馆

绘制：北京屹巅时代建筑艺术设计有限公司

2 3 4 子牙规划展览馆

设计：天津大学
绘制：天津天砚建筑设计咨询有限公司

5 关向应纪念馆

设计：大连开发区规划院
绘制：大连超越数字科技有限公司

6 龙岩展览城

设计：中联程泰宁建筑设计研究院
绘制：上海艺筑图文设计有限公司

6

1

**2 4 6 某场馆**

绘制：福州全景计算机图形有限公司

**3 某艺术馆**

设计：苏州市政设计院
绘制：苏州蔚蓝建筑表现公司

**某展览馆**

设计：美国佩肯（深圳）有限公司
绘制：深圳市森凯盟数字科技

5

6

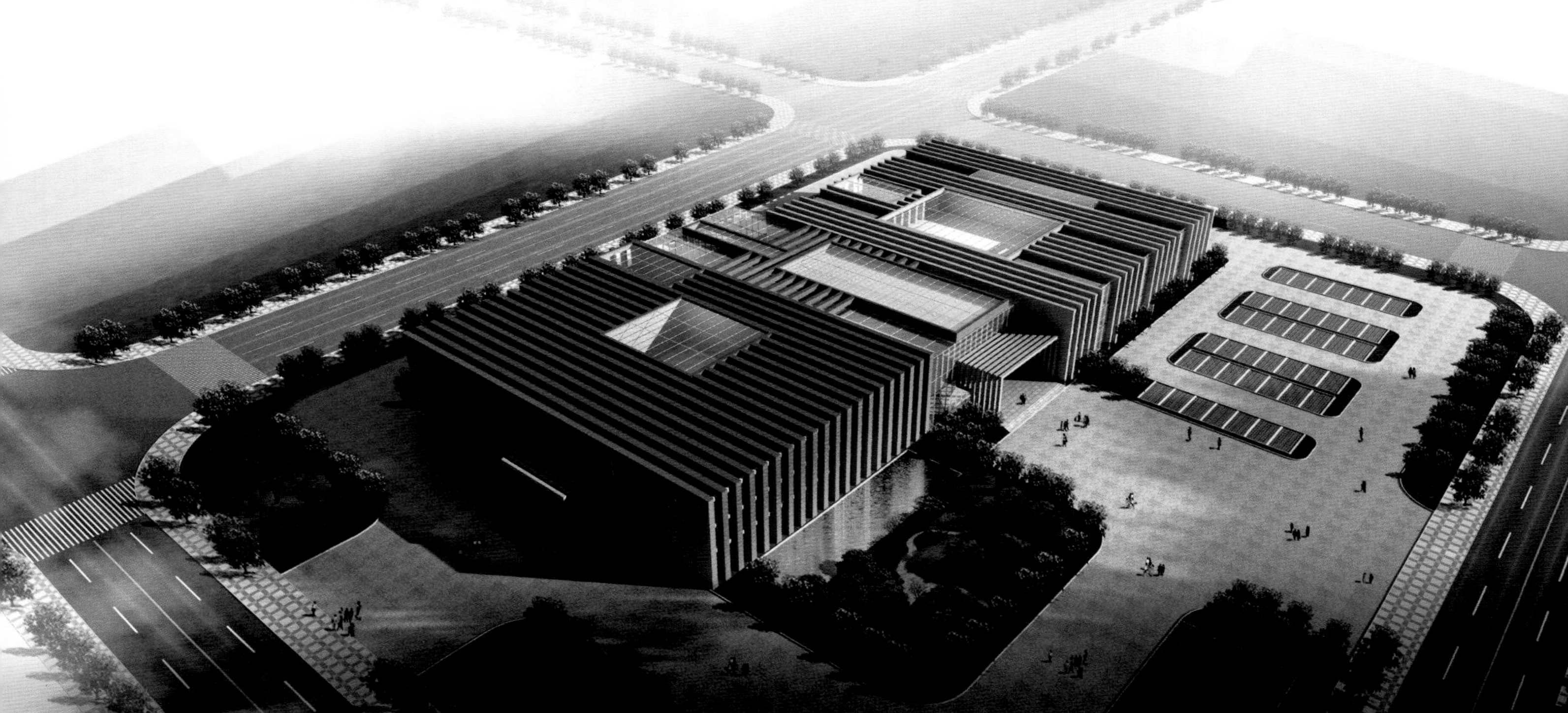

**1 某展览馆**

设计：河南省城市规划设计研究总院有限公司
绘制：河南灵度建筑景观设计咨询有限公司

**2 某中心展馆**

绘制：南昌艺构装饰设计有限公司

**3 武汉市党史陈列馆**

设计：武汉市建筑设计院
绘制：武汉擎天建筑设计咨询有限公司

**4 内蒙某科技馆**

绘制：北京汉中益数字科技有限公司

3

4

1 2 3 4 河南民权梦蝶展览中心

设计：北京五德 SYN
绘制：北京映像社稷数字科技

3

4

1

1 2 4 5 呼伦贝尔会展中心

设计：上海博骜建筑工程设计有限公司
绘制：上海鼎盛建筑设计有限公司

3 6 某成果展示中心

设计：中国建筑西南设计研究院　冯坤
绘制：成都市浩瀚图像设计有限公司

3

4

5

6

4

5

6

**1 2** 某会展中心

设计：中联程泰宁建筑设计研究院
绘制：上海艺筑图文设计有限公司

**3 4 5 6** 曲江会展中心

设计：中联西北工程设计研究院
绘制：西安筑木数码科技有限公司

1 2 3 4 5 无锡国家低碳生态城展示中心

设计：深圳市建筑科学研究院
绘制：深圳龙影数码科技有限公司

3

1 2 3 4 5 中关村国家自主创新展示中心

绘制：北京原鼎世纪建筑设计咨询公司

3

4

5

1

2

**1 2** 某农展中心

设计：镇海院
绘制：宁波筑景

**3 4 5** 舟山会展中心

设计：舟山市建筑规划设计研究院
绘制：杭州骏翔广告有限公司

3

4

5

1 2 3 4 5 舟山会展中心

设计：舟山市建筑规划设计研究院
绘制：杭州骏翔广告有限公司

3

4

5

1

**1** 步步高某会展中心

设计：湘潭市规划建筑设计院
绘制：长沙大涵设计

**2** 武汉某会展中心

绘制：上海艺道建筑表现

**3** 芜湖某会展中心

设计：安徽省建筑设计研究院
绘制：合肥T平方建筑表现

**4** 铁西三期展馆

设计：上海博磐建筑工程设计有限公司
绘制：上海鼎盛建筑设计有限公司

**5** 哈尔滨某会展中心

设计：海南华筑国际工程设计咨询管理公司
绘制：杭州炫蓝数字科技有限公司

3

4

5

# 教育建筑
## EDUCATIONAL BUILDING

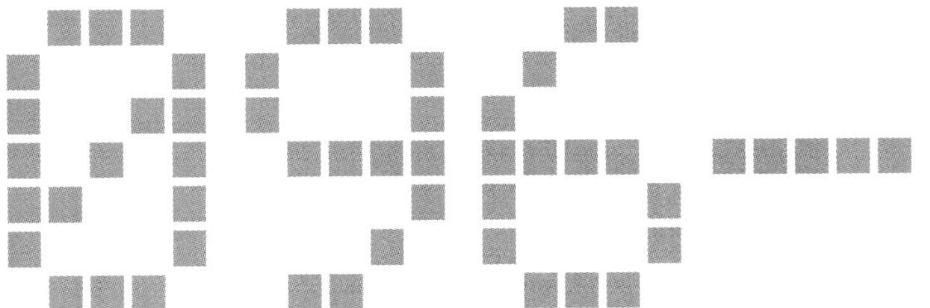


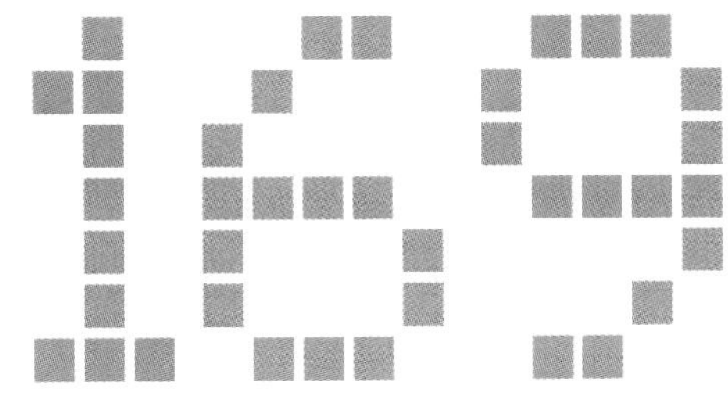

1 2 鄂尔多斯某幼儿园方案一

设计：刘泱
绘制：北京东篱建筑表现工作室

3 4 鄂尔多斯某幼儿园方案二

设计：刘泱
绘制：北京东篱建筑表现工作室

3

4

1 2 3 4 5 某幼儿园

绘制：北京未来空间建筑设计咨询有限公司

3

4

5

**1** 某幼儿园

绘制：北京未来空间建筑设计咨询有限公司

**2** **3** **4** 沈家门幼儿园

设计：舟山市建筑规划设计研究院
绘制：杭州骏翔广告有限公司

**5** SOS 儿童村

设计：大陆建筑设计有限公司
绘制：成都市浩瀚图像设计有限公司

**6** 杭州市下城区幼儿园

设计：杭州华艺建筑设计有限公司
绘制：杭州拓景数字科技有限公司

5

6

3

1 金润花园幼儿园

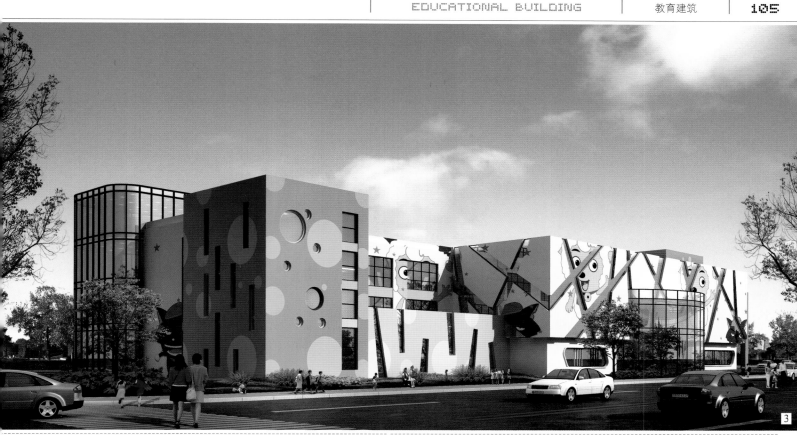

设计：苏州二建集团设计研究院有限公司
绘制：SAV GROUP/ 苏州斯巴克林

2 抚州某幼儿园

绘制：南昌艺构装饰设计有限公司

某幼儿园

设计：舟山市建筑规划设计研究院
绘制：杭州骏翔广告有限公司

4 烟台马家住宅区幼儿园

设计：10studio— 藤建筑设计工作室
绘制：北京回形针图像设计有限公司

JINQIAO Kindergarten

4

**1** **7** 昆山某图书馆

绘制：北京屹巅时代建筑艺术设计有限公司

**2** 某图书馆

设计：深圳市联盟建筑设计有限公司
绘制：深圳市深白数码影像设计有限公司

**3** 某图书馆

设计：西安建筑科技大学
绘制：西安创景建筑景观设计有限公司

**4** 贵州某学校图书馆

设计：李工
绘制：上海艺筑图文设计有限公司

**5** 某图书馆

绘制：福州全景计算机图形有限公司

**6** 某图书馆

绘制：上海翰境数码科技有限公司

1

2

3

4

5

6

7

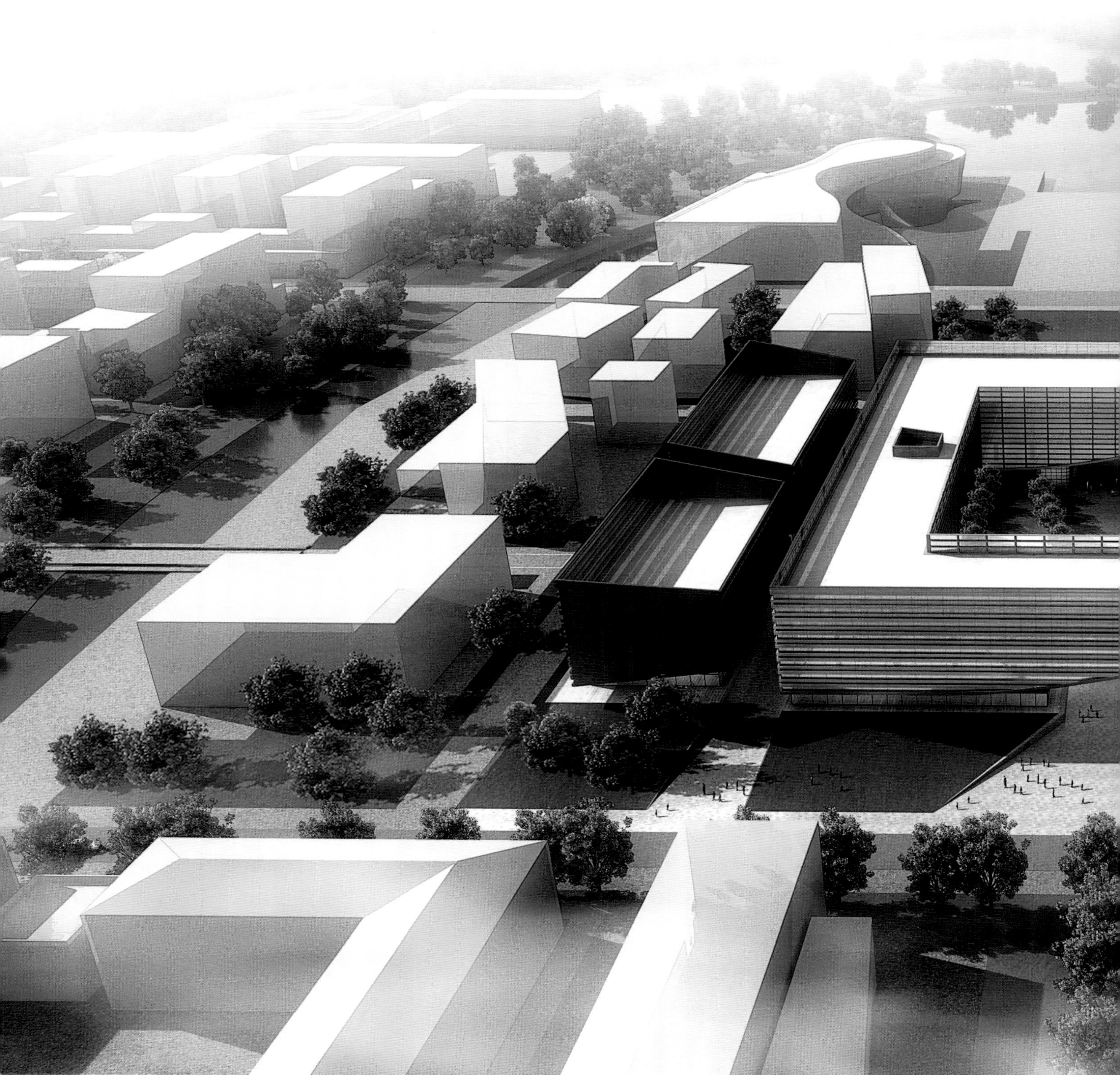

**1** 天大图书馆

设计：华汇工程设计
绘制：天津天砚建筑设计咨询有限公司

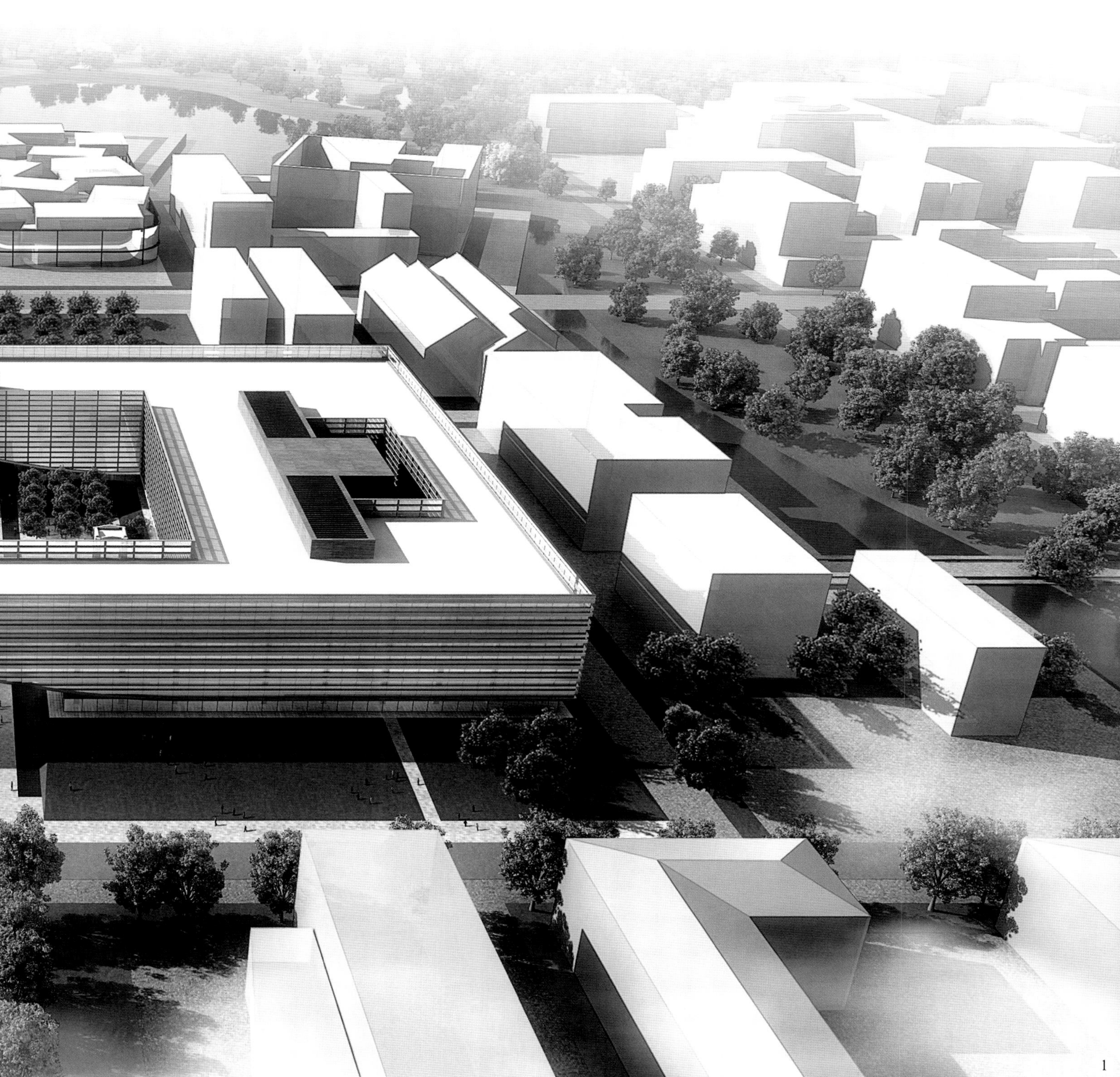

1

1 2 北戴河干训基地

设计：天津大学
绘制：天津天砚建筑设计咨询有限公司

3 4 5 6 7 浐灞中学

设计：中联西北工程设计研究院
绘制：西安筑木数码科技有限公司

3

4

5

6

7

**1 2 3 6** 肥城市技工学校

设计：同圆卫东工作室
绘制：济南雅色机构

**4 5** 贵州某学校

设计：李工
绘制：上海艺筑图文设计有限公司

1

4

5

6

1

1 2 3 4 5 6 贵州医学院

设计：南京联创
绘制：江苏印象乾图数字科技有限公司

1

## 1 2 3 4 5 贵州医学院

设计：南京联创
绘制：江苏印象乾图数字科技有限公司

4

5

1

3

**1 2 6** 国际海运职业技术学校

设计：舟山市建筑规划设计研究院
绘制：杭州骏翔广告有限公司

**3 4** 黑龙江科技学院综合楼

绘制：北京屹巅时代建筑艺术设计有限公司

**5** 湖南艺校

设计：曼都工作室
绘制：长沙市雨花区凡创室内设计工作室

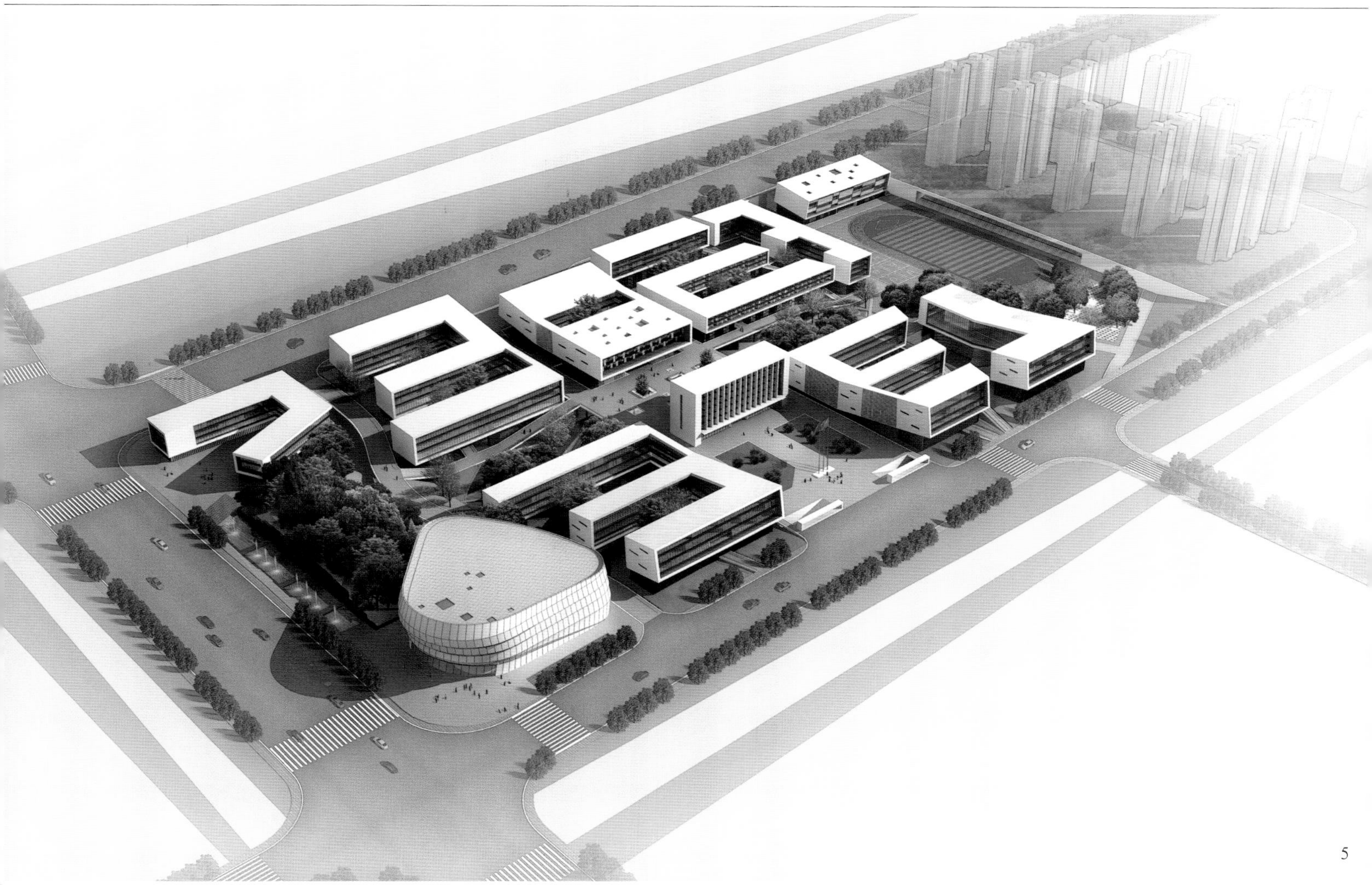

5

6

**1 2 3 4 吉林工商职业技术学院**

设计：哈尔滨工业大学建筑设计研究院　牛毅
绘制：黑龙江省日盛设计有限公司

**5 景陶学校**

设计：市院创作中心
绘制：南昌艺构装饰设计有限公司

4

5

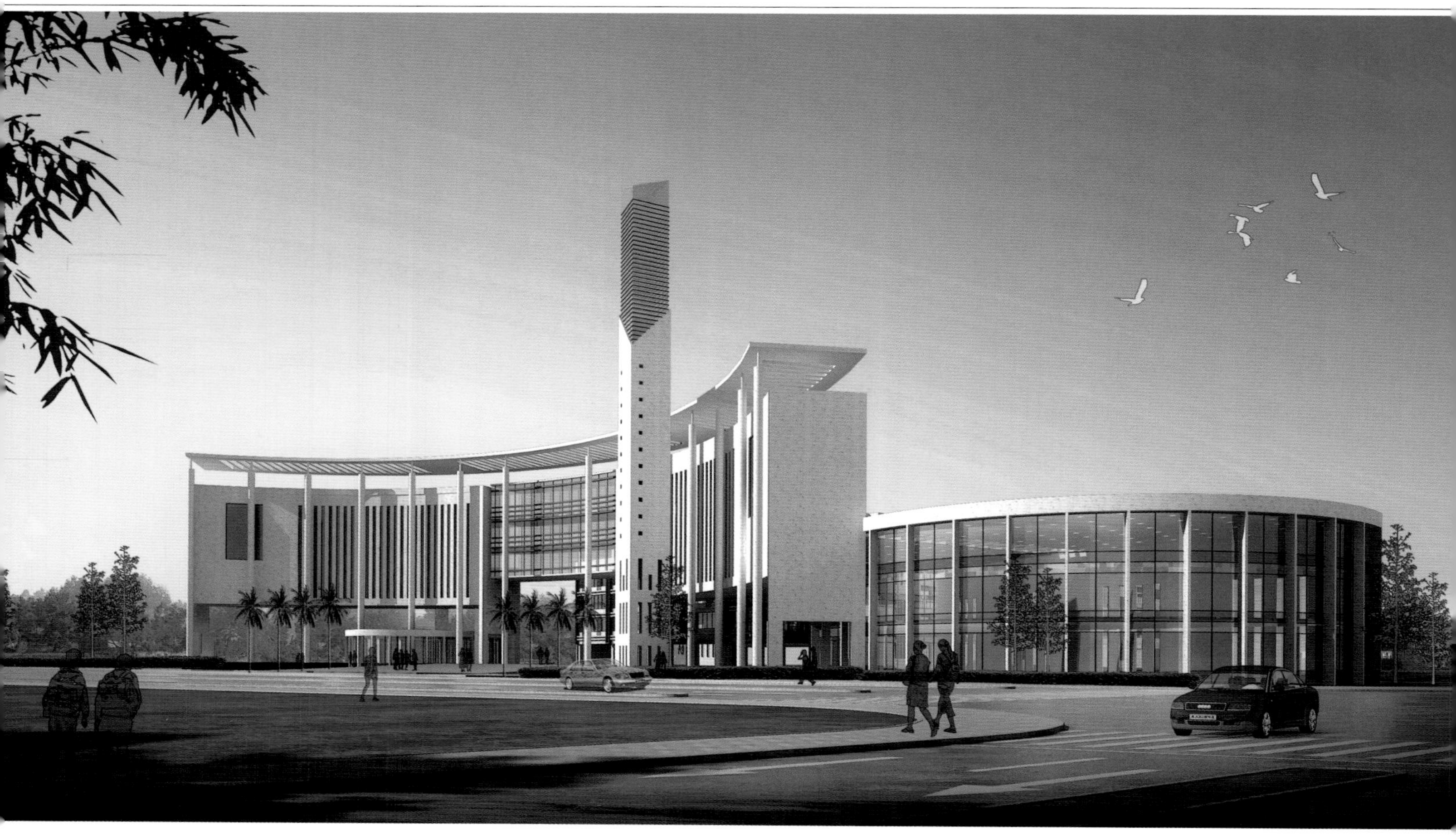

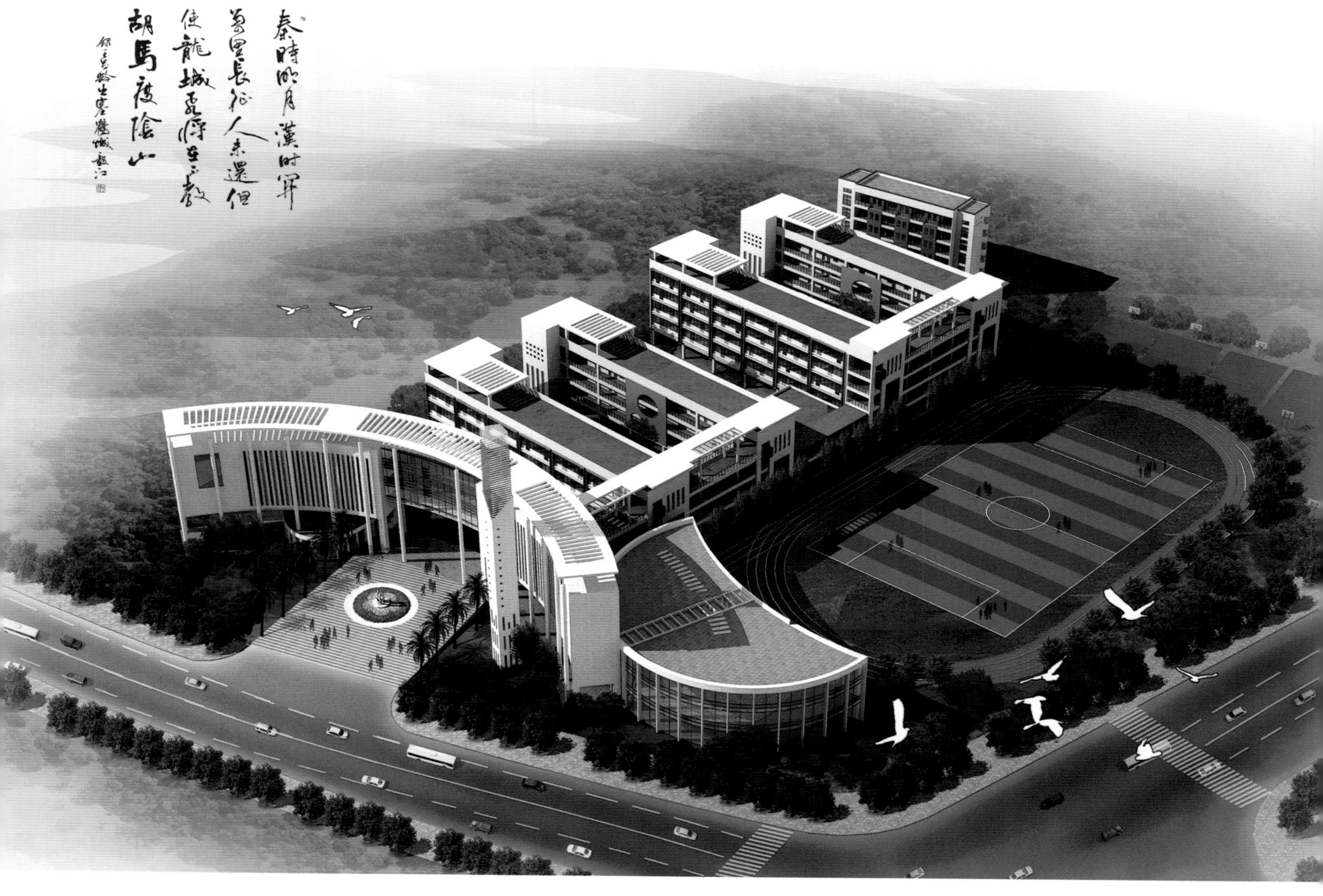
秦時明月漢時關
萬里長征人未還但
使龍城飛將在不教
胡馬度陰山

3

**1 2 李松荫小学**

设计：深圳市宝安建筑设计院
绘制：深圳市原创力数码影像设计有限公司

**3 4 5 辽宁医学院**

设计：哈尔滨工业大学建筑设计研究院
绘制：黑龙江省日盛设计有限公司

4

5

1

3

1 2 3 4 5 6 7 辽宁医学院

设计：哈尔滨工业大学建筑设计研究院
绘制：黑龙江省日盛设计有限公司

4

5

6

7

1

1 2 3 4 5 6 7 柳州师范

设计：深圳市宝安建筑设计院

绘制：深圳市原创力数码影像设计有限公司

3

4

5

6

7

1 2 3 4 5 6 洛阳师范大学

设计：绿城设计院
绘制：上海赫智建筑设计有限公司

4

5

6

**1 2** 洛阳师范大学

设计：绿城设计院
绘制：上海赫智建筑设计有限公司

**3 4** 美国 St · monica high school 校园扩建

绘制：成都公园工作室

3

4

**1 2 3 某大学**

绘制：北京汉中益数字科技有限公司

**4 5 某学校**

设计：深圳市宝安建筑设计院
绘制：深圳市原创力数码影像设计有限公司

4

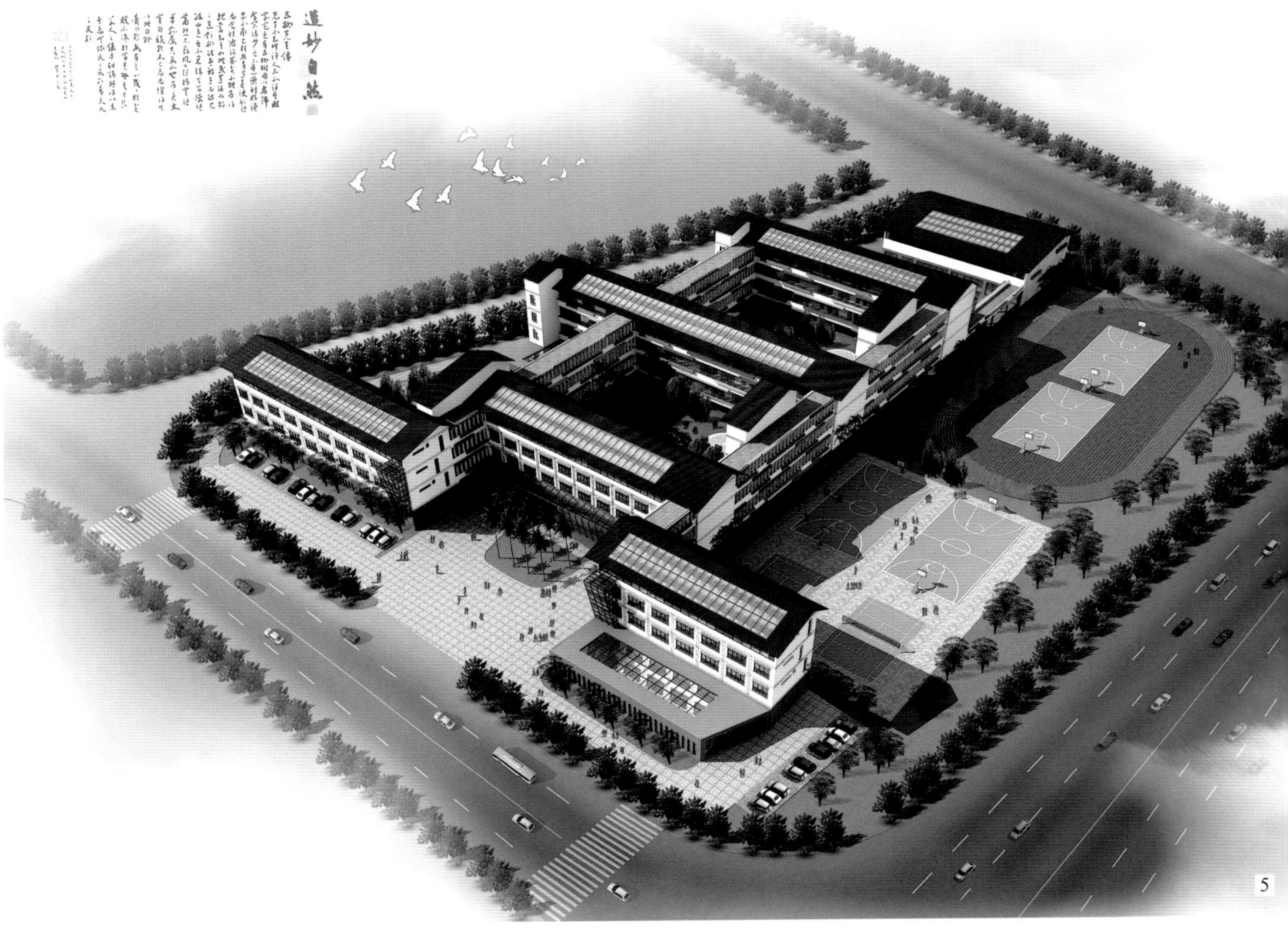

5

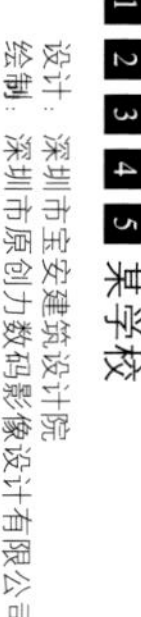

1 2 3 4 5 某学校

设计：深圳市宝安建筑设计院

绘制：深圳市原创力数码影像设计有限公司

1

2

4

5

1

2

3

4

5

**1 2 5 某学校**

设计：深圳市宝安建筑设计院
绘制：深圳市原创力数码影像设计有限公司

**3 4 某学校**

设计：泛道国际建筑设计有限公司
绘制：大千视觉（北京）数码科技有限公司

1

2

3

4

5

6

**1 2 3 4 某学校**

设计：深圳市宝安建筑设计院
绘制：深圳市原创力数码影像设计有限公司

**5 6 某学校**

设计：西安建筑科技大学
绘制：西安创景建筑景观设计有限公司

**7 某中医学校**

设计：杨工
绘制：广州风禾数字科技有限公司

7

## 1 2 3 4 5 6 某中医学校

设计：杨工
绘制：广州风禾数字科技有限公司

1

2

3

4

千頃蒹葭十裡洲
溪居宜月更宜秋
鷗鳧棲水高僧舍
鸛鳩巢雲名士樓
蒼葡葉分飛鷺羽
荻蘆花散釣魚舟
黄橙红柿紫菱角
不羨人間萬户侯
5

6

1 2 3 4 5 6 内蒙通辽中专学校

绘制：广州风禾数字科技有限公司

4
5
通辽市中等专业学校
6

**1 2 3 南湖国际实验中学**

设计：宏正建筑设计院　郑丹萍
绘制：杭州景尚科技有限公司

**4 5 南开中学投标**

设计：波杰特　天津大学
绘制：天津天砚建筑设计咨询有限公司

2

4

5

6 南开中学投标

设计：天友建筑设计
绘制：天津天砚建筑设计咨询有限公司

6

3

**1** 南开中学投标

设计：天友建筑设计
绘制：天津天砚建筑设计咨询有限公司

**2** **4** 泉州东海学校

设计：深圳市建筑科学研究院有限公司
绘制：深圳市深白数码影像设计有限公司

**3** **5** 深圳大学档案馆

设计：深圳筑诚时代建筑设计有限公司
绘制：深圳市深白数码影像设计有限公司

4

5

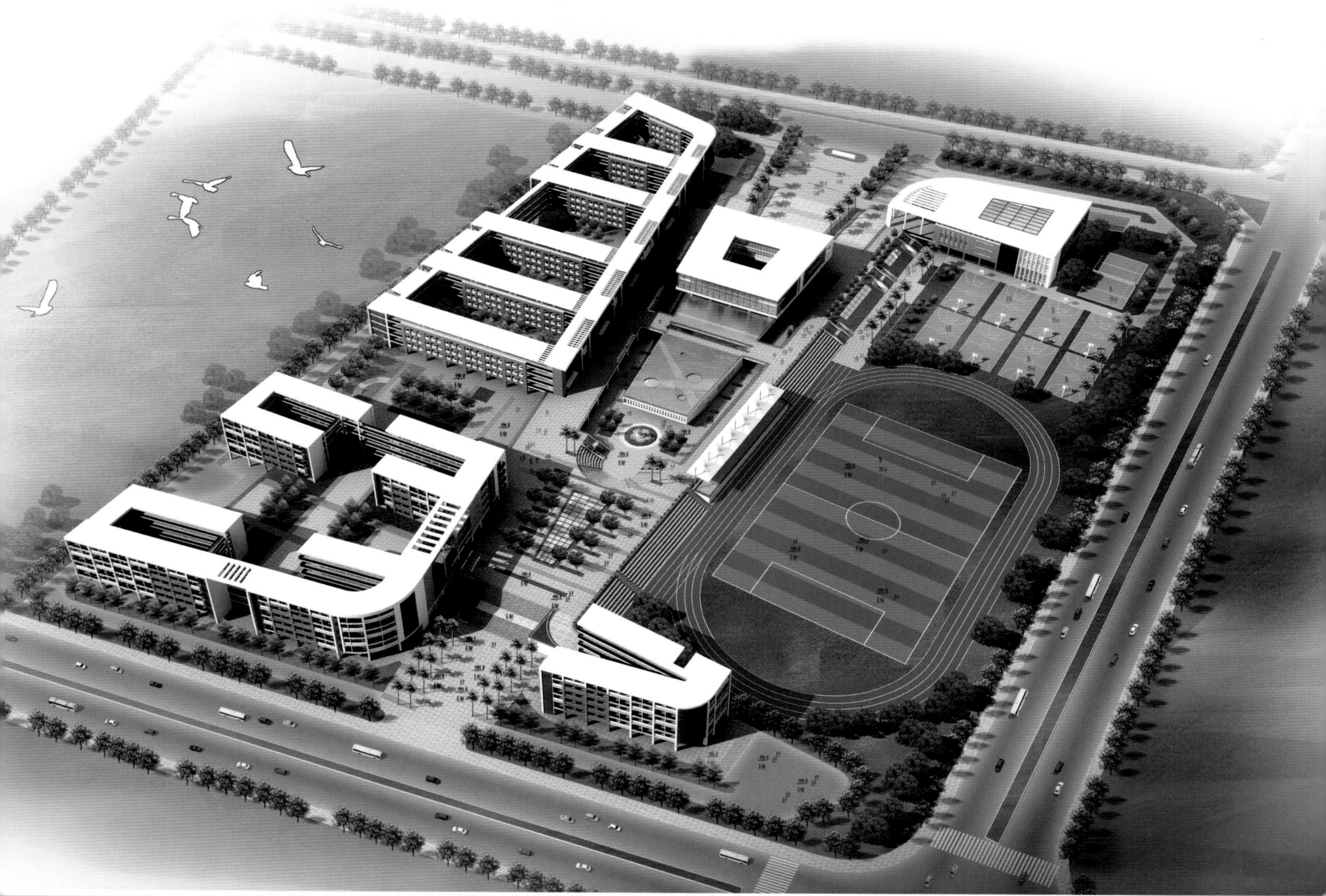

3

**1 2 3** 深圳第七中学

设计：深圳市同济人建筑设计有限公司
绘制：深圳市原创力数码影像设计有限公司

**4 5** 深圳南山地铁培训基地

设计：深圳市市政院设计研究院有限公司
绘制：深圳市深白数码影像设计有限公司

4

5

1

2

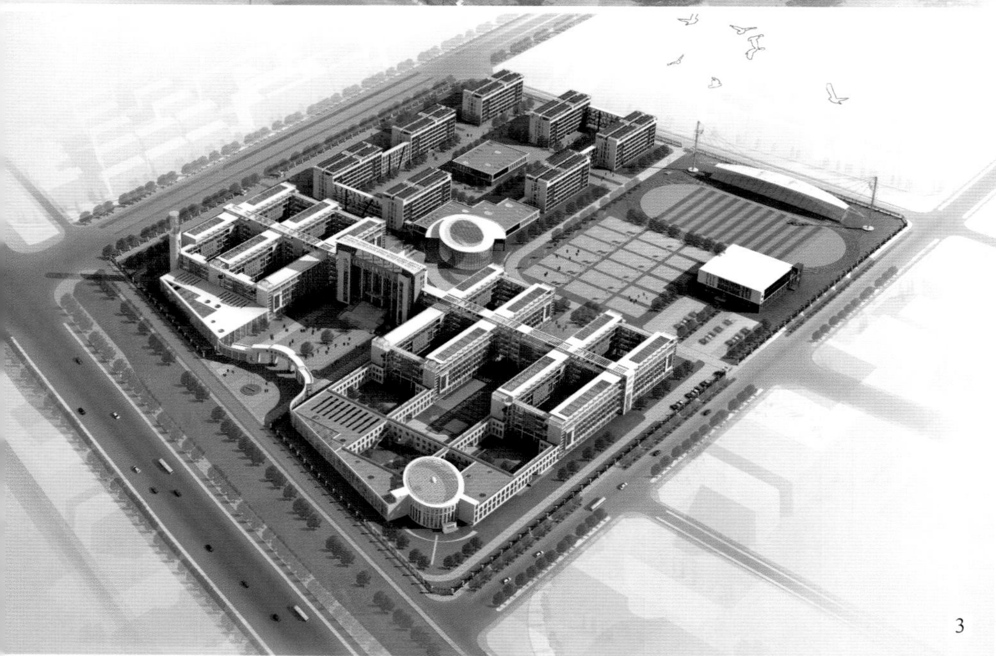
3

**1 4 5 深圳市职工继续教育学院**

设计：深圳市同济人建筑设计有限公司
绘制：深圳市原创力数码影像设计有限公司

**2 3 6 石家庄一中**

设计：深圳市宝安建筑设计院
绘制：深圳市原创力数码影像设计有限公司

4

5

6

**1 2** 石家庄一中

设计：深圳市宝安建筑设计院
绘制：深圳市原创力数码影像设计有限公司

**3 4 5 6** 四川大学

设计：四川省建筑设计研究院
绘制：成都亿点数码艺术设计有限公司

石家庄市第一中学

3

4

5

6

1 2 3 四川大学

设计：四川省建筑设计研究院
绘制：成都亿点数码艺术设计有限公司

4 5 唐山特教中心

设计：北京维拓时代建筑设计有限公司
绘制：北京力天华盛建筑设计咨询有限责任公司

3

4

5

4

5

1 2 3 4 望海学校

设计：某设计院
绘制：深圳尚景源设计咨询有限公司

5 武汉体育学院邢台分校

设计：中国航天建筑设计研究院（集团）
绘制：北京回形针图像设计有限公司

**1 2 3 4 攸县中学**

设计：湘潭市建筑设计院
绘制：长沙大涵设计

**5 武汉体育学院邢台分校**

设计：中国航天建筑设计研究院（集团）
绘制：北京回形针图像设计有限公司

**6 中国银行黄山培训中心**

设计：中南建筑设计院
绘制：武汉北极光数码科技有限公司

3

5

6

**1 2 4 5 中国银行黄山培训中心**

设计：中南建筑设计院
绘制：武汉北极光数码科技有限公司

**3 湖北工业大学咸宁校区**

设计：中南建筑设计院
绘制：武汉北极光数码科技有限公司

2

4

5

**1** 长江大学

设计：上海中建建筑设计院有限公司
绘制：上海艺筑图文设计有限公司

**2** 慈溪高级中学

设计：潘工
绘制：上海艺筑图文设计有限公司

**3** 滁州体育学校

设计：合肥市建筑设计研究院
绘制：合肥T平方建筑表现

**4** 慈溪中学

设计：深圳市建筑设计总院第一设计院
绘制：深圳龙影数码科技有限公司

3

4

**1** 邯郸二中

设计：清华大学建筑设计研究院
绘制：大千视觉（北京）数码科技有限公司

**2** 某教育培训中心

绘制：上海翰境数码科技有限公司

**3** 吉林大学综合服务中心

设计：清华大学建筑设计研究院—许懋彦工作室
绘制：北京回形针图像设计有限公司

**4** 洛阳新区拓展区撤村并城 4 号小区小学

设计：机械工业第四设计研究院
绘制：洛阳张涵数码影像技术开发有限公司

4

5 美国某大学扩建

绘制：成都公园工作室

5

2

5

6

7

1 南昌水专

设计：上海构想
绘制：南昌艺构装饰设计有限公司

2 武威二十一中学

设计：清华大学建筑设计研究院—许懋彦工作室
绘制：北京回形针图像设计有限公司

3 青岛 2 中分校

设计：香港华瑞 何文清
绘制：朴焕太

4 一汽高专

设计：上海法奥建筑设计有限公司
绘制：上海鼎盛建筑设计有限公司

5 山东青年干部管理学院

设计：济南市政设计院
绘制：济南雅色机构

6 深圳第四中学

设计：机械工业部深圳设计研究
绘制：广州风禾数字科技有限公司

7 苏州信息学院

设计：深圳奥意建筑工程设计有限公司
绘制：深圳市深白数码影像设计有限公司

2

3

**1** 天大新校区教学楼

设计：华汇工程设计
绘制：天津天砚建筑设计咨询有限公司

**2** 石家庄军械工程学院

设计：中南建筑设计院第三创作室
绘制：武汉擎天建筑设计咨询有限公司

**3** 扬州某中学

设计：九筑行建筑顾问有限公司
绘制：高方

**4** 武汉大学院士资深教授院士楼

设计：上海尧舜建筑设计有限公司
绘制：无锡艺派图文设计有限公司

**5** 烟台欣和学校

设计：10studio— 藤建筑设计工作室
绘制：北京回形针图像设计有限公司

4

5

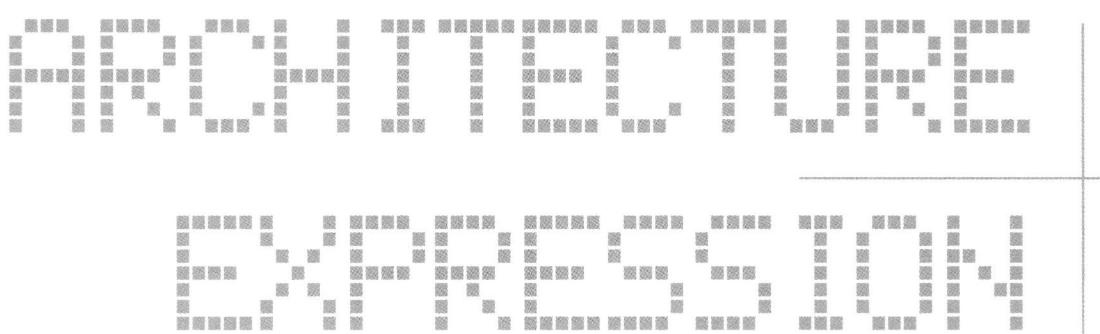

体育馆

GYMNASIUM

建筑＋表现

体育馆

GYMNASIUM

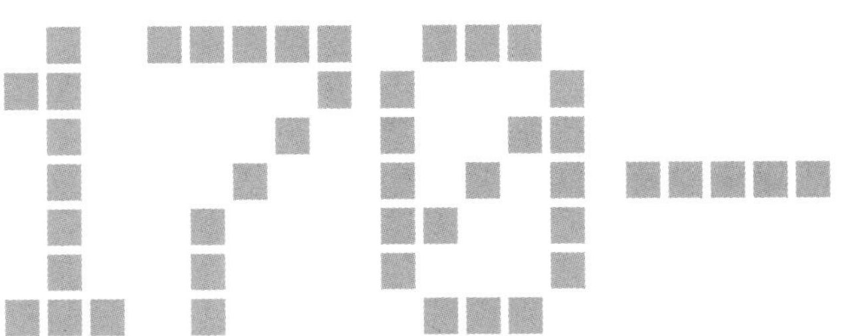

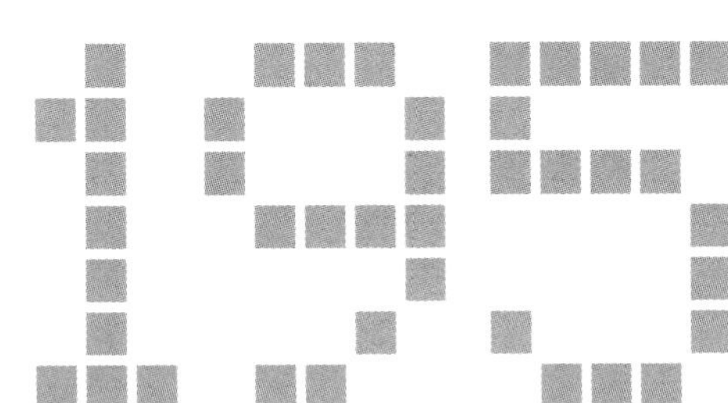

170-195

1

2

**4 EVOLO 竞赛**

设计：黄涛　邹伟达
绘制：北京思锐视觉图文制作有限公司

**2 3 安庆市水上运动中心方案二**

设计：哈尔滨工业大学建筑学院建筑研究所　罗鹏　丁妤　高博
绘制：黑龙江省日盛设计有限公司

**5 安庆市水上运动中心方案一**

设计：哈尔滨工业大学建筑学院建筑研究所　罗鹏　张文龙
绘制：黑龙江省日盛设计有限公司

1

2

3

4

5

■ 安庆市水上运动中心方案一

设计：哈尔滨工业大学建筑学院建筑研究所　罗鹏　张文龙
绘制：黑龙江省日盛设计有限公司

■ 5 安庆市综合训练馆

设计：哈尔滨工业大学建筑学院建筑研究所　罗鹏　史宇天
绘制：黑龙江省日盛设计有限公司

2 3 6 大连市火车头体育场改扩建工程方案二

设计：哈尔滨工业大学建筑学院　陆诗亮
绘制：黑龙江省日盛设计有限公司

6

**1 2 3** 大连市火车头体育场改扩建工程方案一

设计：哈尔滨工业大学建筑学院　陆诗亮
绘制：黑龙江省日盛设计有限公司

**4 5** 鄂州体育馆

设计：胡世勇
绘制：上海赫智建筑设计有限公司

1

2

4

5

**1 2** 鄂州体育馆

设计：胡世勇
绘制：上海赫智建筑设计有限公司

**3 4** 海军游泳馆

绘制：北京原鼎世纪建筑设计咨询公司

**5** 临汾某体育馆

绘制：北京屹巅时代建筑艺术设计有限公司

基地综合训练中心

**1 2 3 5** 临汾某体育馆

绘制：北京屹巅时代建筑艺术设计有限公司

**4 6 7** 某体育馆

设计：广州华景建筑设计有限公司
绘制：广州市一创电脑图像设计有限公司

3

5

6

7

1

4

5

**1 2 3 某游泳馆**

设计：黄金叶
绘制：杭州景尚科技有限公司

**4 5 綦江体育场**

设计：机械三设计院
绘制：重庆光头建筑表现

**6 7 南京某体育馆**

绘制：上海创腾文化传播有限公司

6

7

1 2 3 4 5 6 黔西县体育中心

设计：北京五德 SYN
绘制：北京映像社稷数字科技

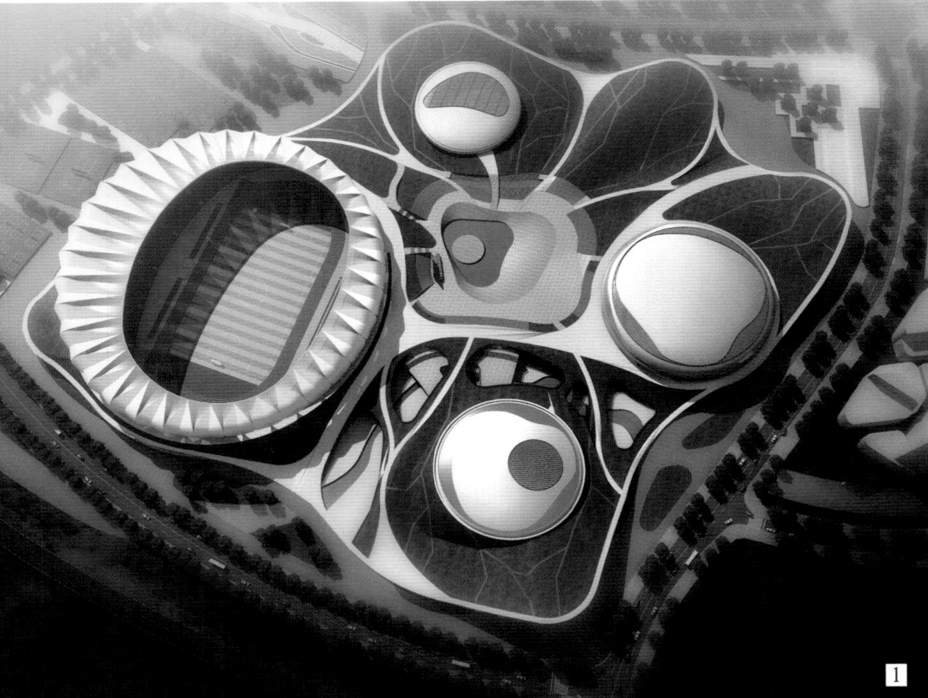

1

4

5

6

2

**1 4 绍兴市老年活动中心**

设计：绍兴市华汇设计股份有限公司
绘制：杭州拓景数字科技有限公司

**2 3 武汉体育中心**

设计：中南建筑设计院
绘制：武汉星奕筑建筑设计有限公司

**5 襄樊市全民健身中心**

设计：哈尔滨工业大学建筑学院建筑研究所　罗鹏　周兆发
绘制：黑龙江省日盛设计有限公司

4

5

**1** 襄樊市全民健身中心

设计：哈尔滨工业大学建筑学院建筑研究所 罗鹏 周兆发
绘制：黑龙江省日盛设计有限公司

**2 3 4** 新加坡体育馆

绘制：杭州潘多拉数字科技有限公司

**5** 白碱滩体育中心

绘制：北京未来空间建筑设计咨询有限公司

**6** 大连海校游泳馆

设计：大连城建设计研究院有限公司
绘制：大连蓝色海岸设计有限公司

3

4

5

6

4

## 大连自行车馆

设计：大连开发区规划院
绘制：大连超越数字科技有限公司

## 2 公益庄高尔夫球场

设计：思锐建筑设计（北京）有限公司
绘制：北京思锐视觉图文制作有限公司

## 福建青口镇体育馆

绘制：北京屹巅时代建筑艺术设计有限公司

## 4 昆山体育馆

设计：王江峰
绘制：上海赫智建筑设计有限公司

## 国家体育总局羽毛球游泳晋江训练基地

设计：哈尔滨工业大学建筑设计研究院　陆诗亮
绘制：黑龙江省日盛设计有限公司

5

1

2

4

**1** 临沂体育场

设计：中国建筑设计院
绘制：北京汉中益数字科技有限公司

**2** 某体育馆

绘制：福州全景计算机图形有限公司

某篮球馆

设计：大陆建筑设计有限公司
绘制：成都市浩瀚图像设计有限公司

**4** 某体育馆

绘制：上海翰境数码科技有限公司

**5** 某体育馆

设计：东煜
绘制：宁波筑景

5

1 某体育馆

设计：绿城设计院
绘制：上海赫智建筑设计有限公司

2 郑州社会科学研究基地体育馆

设计：机械工业第四设计研究院
绘制：洛阳张涵数码影像技术开发有限公司

3 某文化体育中心

设计：胡世勇
绘制：上海赫智建筑设计有限公司

4 蒲城新区体育馆

设计：陕西丰宇工程设计有限公司
绘制：西安筑木数码科技有限公司

5 6 武汉理工大体育中心

设计：中南建筑设计院
绘制：武汉北极光数码科技有限公司

4

5

6

ARCHITECTURE
EXPRESSION

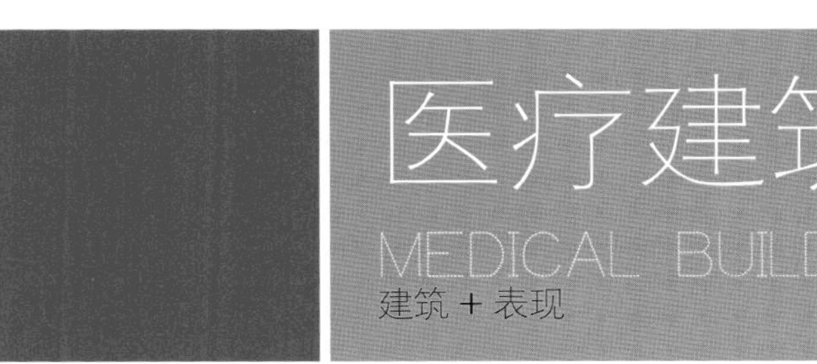
医疗建筑
MEDICAL BUILDING
建筑＋表现

医疗建筑
MEDICAL BUILDING

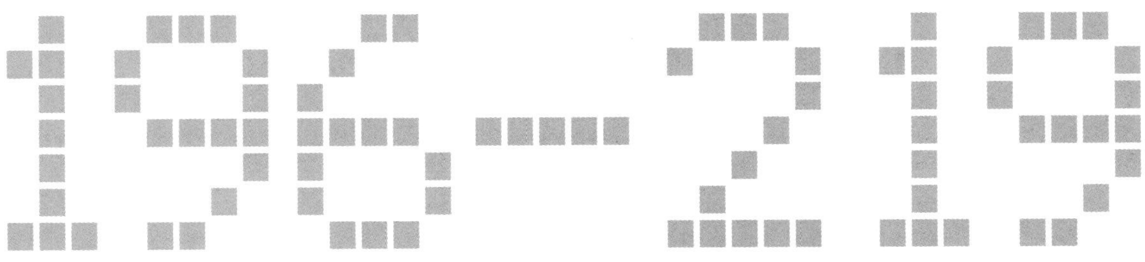
196-219

**1 2 3 4** 北京 301 医院

设计：北京华汇
绘制：天津天砚建筑设计咨询有限公司

**5 6** 春晓卫生院

设计：东方院
绘制：宁波筑景

4

5

6

1

3

**1 2** 河南科技大学第一附属医院

设计：机械工业第四设计研究院
绘制：洛阳张涵数码影像技术开发有限公司

**3 4** 河南省第三人民医院

设计：煤炭工业郑州设计研究院有限公司
绘制：河南灵度建筑景观设计咨询有限公司

4

**1 2 3** 静安寺老年健康中心

设计：现代院
绘制：上海赫智建筑设计有限公司

**4 5** 龙山医院

设计：舟山市建筑规划设计研究院
绘制：杭州骏翔广告有限公司

4

5

**1 3 龙山医院**

设计：舟山市建筑规划设计研究院
绘制：杭州骏翔广告有限公司

**2 洛阳市某中医院**

设计：吴晨
绘制：洛阳张涵数码影像技术开发有限公司

**4 洛阳市某中医院**

设计：黄龙飞
绘制：洛阳张涵数码影像技术开发有限公司

**5 某传染病医院**

设计：北京概念源设计有限公司
绘制：宁波筑景

4

5

**1 2** 某医院

设计：中国建筑科学研究院
绘制：合肥T平方建筑表现

**3 4 5 6 7** 绍兴市立医院

绘制：北京原鼎世纪建筑设计咨询公司

5

6

7

1

5

**2** 绍兴市立医院

绘制：北京原鼎世纪建筑设计咨询公司

**3** **4** 深圳南山妇幼保健院

设计：深圳筑诚时代建筑设计有限公司
绘制：深圳市深白数码影像设计有限公司

**6** 嵊州医院

设计：绿城设计院　王江峰
绘制：上海赫智建筑设计有限公司

6

1

3

5

**1 2 5 嵊州医院**

设计：绿城设计院　王江峰
绘制：上海赫智建筑设计有限公司

**3 4 6 顺义中医院**

设计：朱锟
绘制：北京东篱建筑表现工作室

**7 8 芜湖和天医院**

设计：深圳市建筑设计研究总院第三分公司
绘制：深圳市深白数码影像设计有限公司

6

7

8

1

## 1 2 3 西京医院战训楼

设计：中联西北工程设计研究院
绘制：西安筑木数码科技有限公司

## 4 5 6 西乡人民医院

设计：深圳市宝安建筑设计院
绘制：深圳市原创力数码影像设计有限公司

2

4

5

西乡人民医院

6

**1 2 3 银川医药方案一**

设计：习皓
绘制：北京东篱建筑表现工作室

**4 5 6 银川医药方案二**

设计：习皓
绘制：北京东篱建筑表现工作室

4

5

6

1

**1** 银川医药方案二

设计：习皓
绘制：北京东篱建筑表现工作室

**2 3** 营口第二人民医院

设计：哈尔滨工业大学建筑设计研究院
绘制：黑龙江省日盛设计有限公司

**4 5 6 7** 郑州第十人民医院

绘制：北京原鼎世纪建筑设计咨询公司

4

5

6

7

**1** 佛山南海医院

设计：中建国际（深圳）设计顾问有限公司
绘制：深圳市深白数码影像设计有限公司

**2** 某精神卫生中心

设计：中国建筑西南设计研究院　冯坤
绘制：成都市浩瀚图像设计有限公司

**3** 国家生物医药基地

设计：深圳市建筑科学研究院
绘制：深圳龙影数码科技有限公司

**4** 黄岩妇幼保健院

设计：杭州华艺建筑设计有限公司
绘制：杭州拓景数字科技有限公司

**5** 某妇幼医院

设计：东北建筑设计院北京分院
绘制：北京汉中益数字科技有限公司

**6** 重庆某医院

设计：深圳汤桦建筑设计事务所有限公司
绘制：深圳市深白数码影像设计有限公司

**7** 某医院综合楼

绘制：上海域言建筑设计咨询有限公司

5

6

7

ARCHITECTURE
EXPRESSION

工业建筑
INDUSTRIAL BUILDING
建筑＋表现

工业建筑
INDUSTRIAL BUILDING

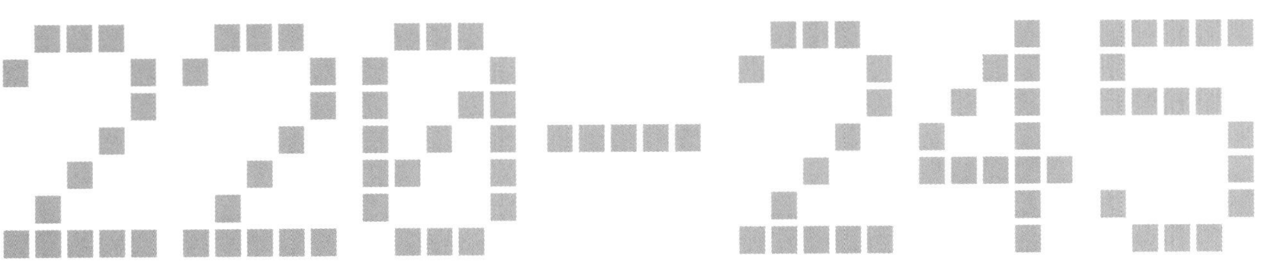
220-245

1 2 3 宝应工业园区

设计：常州筑源设计院
绘制：江苏印象乾图数字科技有限公司

4 5 6 7 茶山工业园

设计：深圳汉沙杨景观与建筑规划院
绘制：深圳龙影数码科技有限公司

2

4

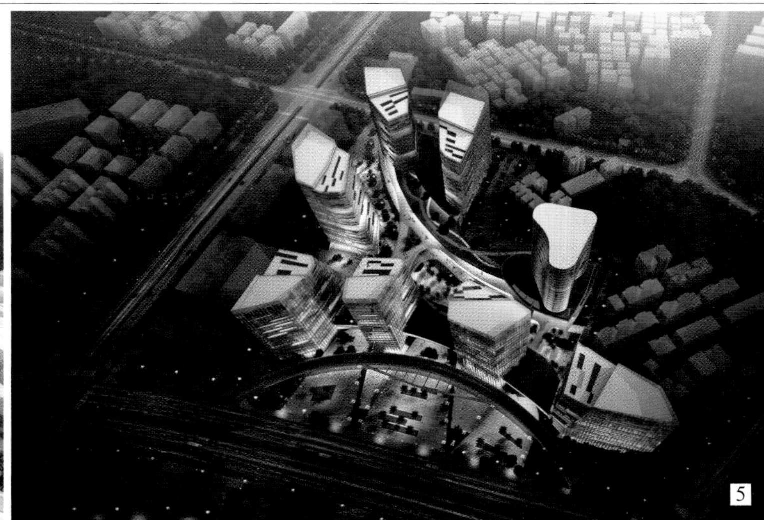
5

6

7

1 2 3 4 长兴电厂

绘制：北京原鼎世纪建筑设计咨询公司

5 6 迪拜机库

绘制：北京原鼎世纪建筑设计咨询公司

**1 2** 东海航空基地

绘制：北京原鼎世纪建筑设计咨询公司

**3 4 5** 宏亿集团厂区

设计：成都博坊建筑设计
绘制：成都上润图文设计制作有限公司

3
4
5

2

3

1 2 某工业园

绘制：深圳佐佑电脑艺术设计有限公司

3 4 5 6 某航空基地

绘制：北京原鼎世纪建筑设计咨询公司

4

5

6

2

3

1 2 3 4 5 6 某航空基地

绘制：北京原鼎世纪建筑设计咨询公司

4

5

6

**1 2 3 欧骆工业园**

设计：江苏省建工设计研究院
绘制：SAV GROUP/ 苏州斯巴克林

**4 5 6 深圳某厂房**

设计：吴工
绘制：东莞市天海图文设计

3

4

5

6

**1 2 3** 首农食品经营中心

绘制：北京原鼎世纪建筑设计咨询公司

**4 5 6** 唐山动车厂

设计：10studio— 藤建筑设计工作室
绘制：北京回形针图像设计有限公司

4

5

6

**1 3 西南航空食品有限公司**

绘制：北京原鼎世纪建筑设计咨询公司

**2 阿联酋机库**

绘制：北京原鼎世纪建筑设计咨询公司

**4 SAM 厂房**

设计：PNBYG
绘制：SAV GROUP/ 苏州斯巴克林

**5 河南中烟厂房**

设计：机械工业第六设计研究院
绘制：河南灵度建筑景观设计咨询有限公司

3

4

5

## 1 北科郑州项目

设计：北京中外建建筑设计有限公司
绘制：深圳市深白数码影像设计有限公司

## 2 大连摩巴厂区

设计：大连开发区规划院
绘制：大连超越数字科技有限公司

1

2

3

## 长沟船闸

绘制：北京原鼎世纪建筑设计咨询公司

## 成都国航机库

绘制：北京原鼎世纪建筑设计咨询公司

## 高井电厂

绘制：北京原鼎世纪建筑设计咨询公司

4

5

1

4

## 高科新马工业园

设计：王飞
绘制：南京土筑人艺术设计有限公司

## 雷柏厂区

设计：狄柏景观设计公司
绘制：深圳市原创力数码影像设计有限公司

## 嘉定工业区

设计：上海现代规划建筑设计院
绘制：上海鼎盛建筑设计有限公司

## 2 合肥经开区某制药厂

设计：徽省建筑设计研究院
绘制：合肥 T 平方建筑表现

## 4 汉阳工业园

设计：华中科技大学
绘制：武汉星奕筑建筑设计有限公司

5

**1** 江苏国丰厂房

设计：吴工
绘制：上海艺筑图文设计有限公司

**2** 克拉玛依电厂

绘制：北京原鼎世纪建筑设计咨询公司

**3** 老港垃圾焚烧厂

绘制：北京原鼎世纪建筑设计咨询公司

**4** 某工业厂房

绘制：上海翰境数码科技有限公司

3

4

**1** 某机库

绘制：北京原鼎世纪建筑设计咨询公司

**2** 商飞基地规划

绘制：北京原鼎世纪建筑设计咨询公司

**3** 南充垃圾焚烧厂

绘制：北京原鼎世纪建筑设计咨询公司

**4** 榆林电厂

绘制：北京原鼎世纪建筑设计咨询公司

3

4

# 交通建筑

TRAFFIC BUILDING

建筑 + 表现

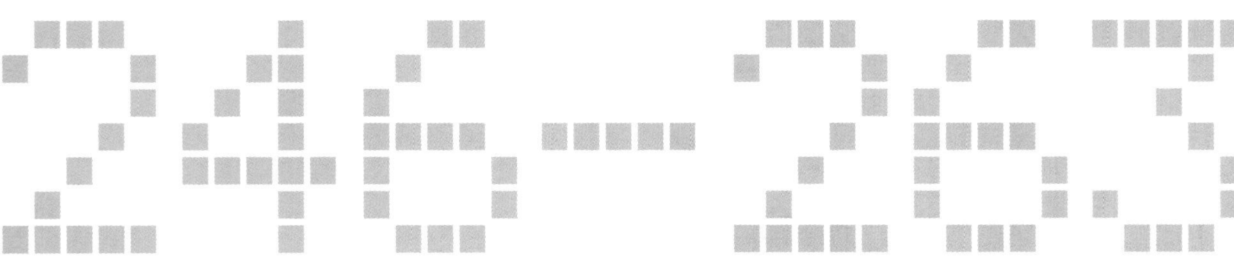

3

**1** **2** 地铁 4、6 号线

设计：铁三院城交分院
绘制：天津天砚建筑设计咨询有限公司

**3** **4** 连云港路桥合作广场

绘制：上海创腾文化传播有限公司

4

1

2

3

4

1 2 柳州机场

设计：武汉市建筑设计院
绘制：武汉北极光数码科技有限公司

3 4 陆家嘴某交通枢纽

绘制：上海创腾文化传播有限公司

1 2 某码头

设计：舟山市建筑规划设计研究院
绘制：杭州骏翔广告有限公司

3 4 5 某码头

设计：南宁某设计公司
绘制：上海日盛 & 南宁日易盛设计有限公司

4

5

2

1 2 3 4 南京某码头

设计：九筑行建筑顾问有限公司
绘制：高方

5 纽约 la guardia 机场扩建

绘制：成都公园工作室

4

5

1

4

1 2 3 4 5 纽约 la guardia 机场扩建

绘制：成都公园工作室

6 台湾某码头

设计：美国 BurtHil
绘制：成都市浩瀚图像设计有限公司

5

6

**1 2 3 4** 台湾某码头

设计：美国 BurtHil
绘制：成都市浩瀚图像设计有限公司

**5** 镇海车站

设计：都市营造
绘制：宁波芒果树图像设计有限公司

3

4

5

4

**1 2 镇海车站**

设计：都市营造
绘制：宁波芒果树图像设计有限公司

**3 4 重庆交通枢纽终端**

设计：伟信（天津）工程咨询有限公司
绘制：天津千翼数字科技有限公司

**5 梅墟公交站**

设计：本末建筑
绘制：宁波芒果树图像设计有限公司

5

**1** 慈禧客运中心

设计：杭州市建筑设计研究院有限公司
绘制：杭州潘多拉数字科技有限公司

**2** 黄花机场

设计：湖南省建筑设计院
绘制：长沙市雨花区凡创室内设计工作室

1
2

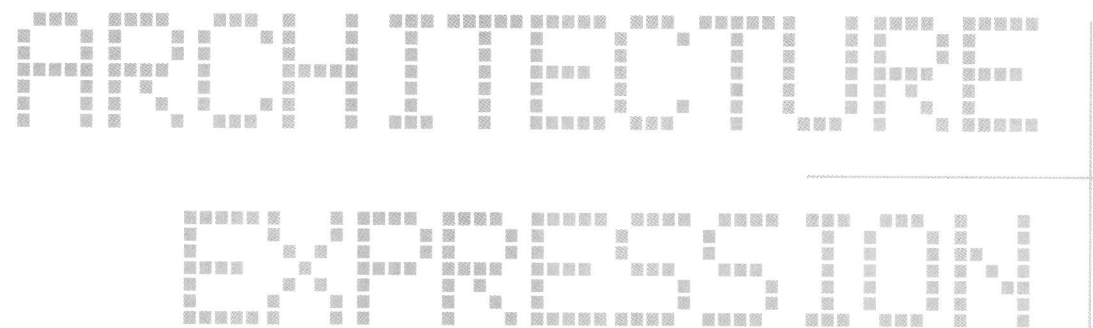

# 景观设计

LANDSCAPE DESIGN

建筑＋表现

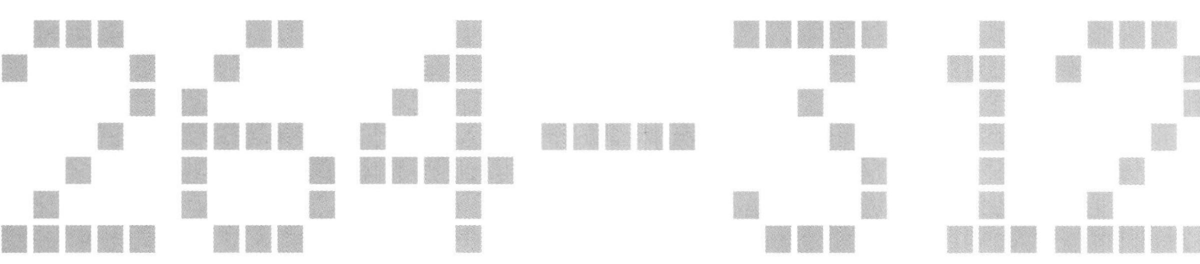

1 龙泽苑景观

绘制：北京未来空间建筑设计咨询有限公司

1

**1** 龙泽苑景观

绘制：北京未来空间建筑设计咨询有限公司

**2** **3** 南海子郊野公园

设计：北京五德 SYN
绘制：北京映像社稷数字科技

**4** 某河边景观

设计：城市建设研究院河南分院
绘制：河南灵度建筑景观设计咨询有限公司

3

4

1 沈阳规划公园

设计：加拿大普迪国际设计机构
绘制：杭州潘多拉数字科技有限公司

2 某景观

绘制：上海创腾文化传播有限公司

3 南溪主题公园

设计：中建国际（深圳）设计顾问有限公司
绘制：深圳市深白数码影像设计有限公司

4 山西长治黎都公园

绘制：天津天砚建筑设计咨询有限公司

3

4

3

■ 2 塘沽极地海洋馆街道景观

设计：天津市东林筑景景观规划设计有限公司
绘制：天津千翼数字科技有限公司

3 4 舟山海景颐园四期景观设计

绘制：宁波筑景

4

**1** 舟山海景颐园四期景观设计

绘制：宁波筑景

**2** 保利镇海新城箭湖文化广场景观

设计：宁波浩然景观工程设计有限公司
绘制：杭州拓景数字科技有限公司

**3** 大连梭鱼湾景观

设计：深圳市大唐世纪建筑设计事务所
绘制：深圳市图腾广告有限公司

**4** 某景观

设计：上海刘志筠建筑设计事务所
绘制：上海艺筑图文设计有限公司

3

4

**1** 某广场景观

绘制：上海翰境数码科技有限公司

**2** 鲁家峙北岸线景观

设计：上海恩威建筑设计有限公司
绘制：上海鼎盛建筑设计有限公司

**3** 温州泰和大厦广场景观

设计：温州绿建设计院景观所 周国贤
绘制：温州焕彩传媒

**4** 锡林浩特某商业广场景观

设计：亚瑞设计院
绘制：北京艺景轩建筑设计咨询有限公司

**5** 某景观

绘制：上海创腾文化传播有限公司

SHISEIDO
Häagen-Da
Canon
Panasonic
SIEMENS
Häagen-Dazs
4

5

**1** 某商业广场景观

绘制：上海翰境数码科技有限公司

**2** 某商业屋顶景观

设计：苏州交通设计院
绘制：苏州蔚蓝建筑表现公司

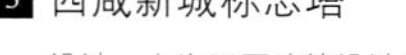

**1** 宁东入口设计

绘制：北京屹巅时代建筑艺术设计有限公司

**2** 佛山禅城景观

设计：深圳市吉相合景观设计有限公司
绘制：深圳市深白数码影像设计有限公司

**3** 西咸新城标志塔

设计：上海亚图建筑设计咨询有限公司
绘制：上海鼎盛建筑设计有限公司

3

1 2 3 4 东台宋城

绘制：上海艺道建筑表现

2

1 3 东台宋城

绘制：上海艺道建筑表现

2 某古建改造

设计：苏州交通设计院
绘制：苏州蔚蓝建筑表现公司

3

1 2 鸡西赛洛城景观设计

设计：沈阳帧帝三维建筑艺术有限公司
绘制：沈阳帧帝三维建筑艺术有限公司

2

**1 2 3** 龙池山别墅区景观

绘制：宁波筑景

**4** 龙湖黄岛景观

绘制：北京屹巅时代建筑艺术设计有限公司

3

4

**1** 龙湖黄岛景观

绘制：北京屹巅时代建筑艺术设计有限公司

**2** **3** 龙湖原山景观

设计：龙湖地产
绘制：江苏印象乾图数字科技有限公司

**4** 天明 B 座景观

设计：杭州天人建筑设计事务所（普通合伙）
绘制：杭州潘多拉数字科技有限公司

3

4

1 天明B座景观

设计：杭州天人建筑设计事务所（普通合伙）
绘制：杭州潘多拉数字科技有限公司

2 安徽合肥玫瑰园景观

设计：杭州拓景数字科技有限公司
绘制：杭州拓景数字科技有限公司

3 赤峰300亩住宅景观

设计：上海海珠建筑设计有限公司
绘制：上海艺筑图文设计有限公司

4 北城映像景观

设计：四川英祥房产有限公司
绘制：成都上润图文设计制作有限公司

3

4

1

**1** 邯郸某住宅景观

设计：北京维拓时代建筑设计有限公司
绘制：北京力天华盛建筑设计咨询有限责任公司

**2** 大连亿达美加第五郡 6＃ 地块景观

设计：大连亿达美加房地产开发有限公司
绘制：大连蓝色海岸设计有限公司

**3** 德银湖国际住宅景观

设计：观点策划
绘制：江苏印象乾图数字科技有限公司

**4** 荷花塘景观

绘制：北京屹巅时代建筑艺术设计有限公司

3

4

**1** 红星国际住宅景观

设计：李翔
绘制：成都市浩瀚图像设计有限公司

**2** 湖南某小区入口景观

设计：上海构想
绘制：南昌艺构装饰设计有限公司

**3** 棘洪滩车辆厂住宅景观

设计：青岛市建筑设计研究院
绘制：青岛金东数字科技有限公司

**4** 湖州小区景观

设计：澳大利亚 BBC 建筑景观工程设计公司
绘制：杭州炫蓝数字科技有限公司

**1** 连云港某住宅景观

设计：北京维拓时代建筑设计有限公司
绘制：北京力天华盛建筑设计咨询有限责任公司

**2** 某别墅区景观

绘制：上海翰境数码科技有限公司

**3** 某庭院

绘制：北京原鼎世纪建筑设计咨询公司

**4** 麦岛天玺住宅景观

设计：青岛海信房地产股份有限公司
绘制：青岛金东数字科技有限公司

**1** 某庭院

绘制：上海翰境数码科技有限公司

**2** **3** 某住宅景观

绘制：上海翰境数码科技有限公司

2

3

2

**1 南阳光达置业地产景观**

设计：河南灵度建筑景观设计咨询有限公司
绘制：河南灵度建筑景观设计咨询有限公司

**2 十里堡住宅景观**

绘制：青岛金东数字科技有限公司

**3 如东洋口港住宅景观**

设计：浙江中房建筑设计研究院有限公司海宁分公司
绘制：杭州炫蓝数字科技有限公司

3

**1** 宿迁某小区景观

设计：九筑行建筑顾问有限公司
绘制：高方

**2** 学府阳光景观

设计：王孝雄建筑设计有限公司　谭大正
绘制：成都市浩瀚图像设计有限公司

**3** 绥中住宅景观

设计：华清安地建筑事务所有限公司
绘制：大千视觉（北京）数码科技有限公司

3

**1** 太和旺邸景观

绘制：青岛金东数字科技有限公司

**2** 潼南某住宅景观

设计：李翔
绘制：成都市浩瀚图像设计有限公司

**3** 天鹅花园景观

绘制：北京未来空间建筑设计咨询有限公司

2

3

**1** 威星花园景观

设计：上海中房建筑设计有限公司
绘制：上海鼎盛建筑设计有限公司

**2** 香悦半岛景观

设计：新城地产
绘制：江苏印象乾图数字科技有限公司

**3** 温岭市松门住宅景观

设计：温州绿建设计院景观所　周国贤
绘制：温州焕彩传媒

**4** 乌海住宅小区景观

设计：北京五德 SYN
绘制：北京映像社稷数字科技

**5** 重庆光华观府国际景观

设计：重庆光华房地产开发公司
绘制：广州风禾数字科技有限公司

3

4

5

**1** 武汉某住宅区景观

设计：美国佩恳（深圳）有限公司
绘制：深圳市森凯盟数字科技

**2** 邢台南大旺住宅入口景观

设计：陈德运　张瑞光
绘制：北京东篱建筑表现工作室

**3** 星河国际景观

设计：常州星河地产
绘制：江苏印象乾图数字科技有限公司

3

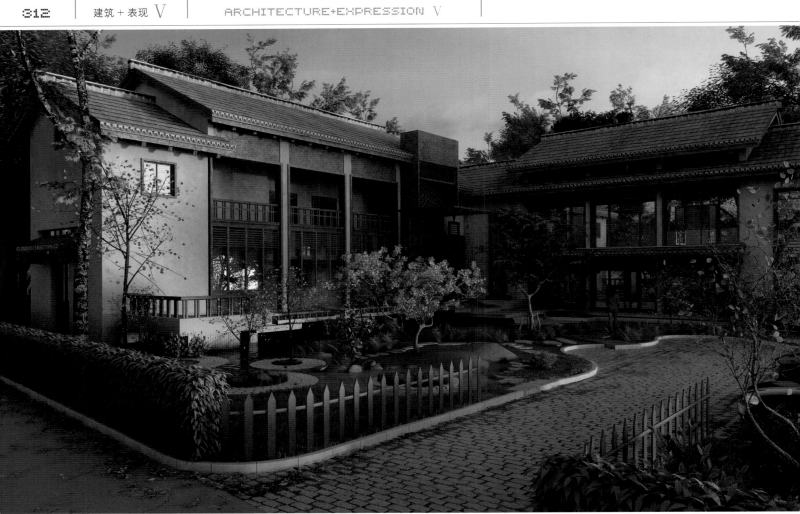

**1** 檀香园景观设计

绘制：杭州潘多拉数字科技有限公司

**2** 钰鼎园小区入口景观

设计：银亿
绘制：宁波筑景

投稿单位名录

A LIST OF THE CONTRIBUTOR

建筑＋表现

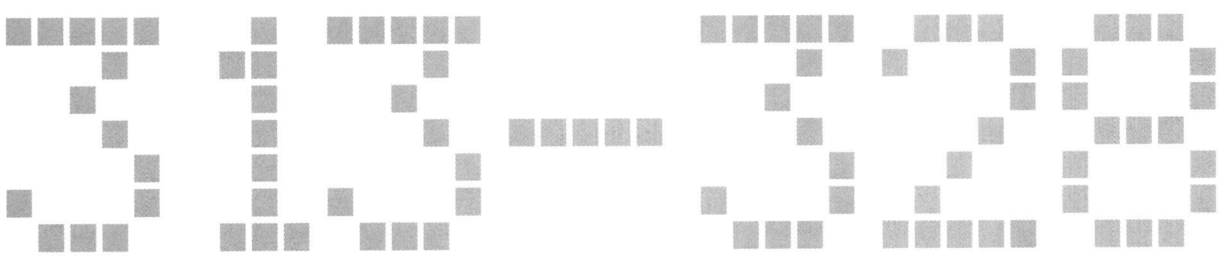

AURORA
YEARS
www.wh-aurora.com
AURORA
武汉北极光数码科技有限公司
客服QQ：804104291 / 1176632309
联系方式：027-87844101/027-87257599（武昌公司） 027-82720160（汉口公司）
地址：武昌区中南路世纪广场B座1306室（武昌公司）/ 江岸区三阳路三阳鑫城B栋2单元9-4室

KING TEAM
武汉擎天建筑设计咨询有限公司
Architecture
Design & Consultant
武漢擎天建築設計咨詢有限公司
Kingteam Architecture Design & Consulting Co.,Ltd.
武昌總部：
湖北省武漢市武昌區中南路10號鵬程時代2319室
電話：027-87820176
傳真：027-87820176
電郵：kingteam@163.com

星奕筑
XINGYIZHU
三维动画 建筑表现 虚拟现实
武汉星奕筑建筑设计有限公司
地址：湖北省武汉市武珞路聚豪华庭1606室 电话：027-87258010 QQ:1527982017 邮箱：wuhanxingyizhu@163.com

创景 建筑景观设计有限公司
Chuang Jing Architetural Landscape Design co.,Ltd.v
西安創景建築景觀設計有限公司是一家提供建筑室内外表现，三维动画制作，多媒体演示，建筑咨询及辅助设计的专业图文设计公司。
我们的团队技术力量雄厚，由多名从业多年的行业专家领衔对建筑艺术有着自己独到的理解，我们认真对待每一个案例，透过我们专业的视角用最细腻的表现诠释您的艺术作品，最优质的服务，协助您实现最美好的蓝图。
我们深知，创造力和对新技术的追求是公司发展的原动力，我们将通过不懈努力，保证行业的领先地位！
建筑表现 · 三维动画
室内设计 · 景观设计
创景
地 址：西安市太乙路1号祭台小区3号楼1805室
电话：15802901967、029-82290165

Contact
parkstudio@vip.163.com
028-86701484
PARKSTUDIO
www.3dparkstudio.com

Vast image
浩瀚图像
Vast image
这是一个色彩的世界
色彩，用自己的语言说话
浩瀚图像，用自己的作品说话
With the strength to speak
TEL:
028-86934458
ADD:
成都市大安西路58号8栋801

蓝宇圖像
LANDSCAPE
本公司主要致力于建筑三维图像设计制作，业务涉及：建筑外观效果图表现，室内涉及及效果图表现，建筑动画漫游制作等。
自2006年成立以来，在三维视觉表现，建筑表现等领域不断积极进取，不断提升，发展成为具有较强实力的专业建筑图像公司。
回首过去，我们在参与跟客户的合作，以及设计众多工程项目的过程中，不但积累了丰富的工作经验，同时也完善了我们的服务宗旨，展望将来，我们仍然坚持以客户为中心，以更高品质的表现，更专业完善的技术，更周到便捷的服务，更和理实惠的价格使您得到更舒心、更超值的服务。蓝宇与客户的共同目标不仅在于达成实际上的商业目的，更希望通过技术与创意的结合表现完善作品。
蓝宇的目标在于协助客户获得成功，并希望每一个项目的完成是蓝宇与其客户长久合作的开始。围绕着一目标，蓝宇全体工作人员都将尝试以不同的方式为客户提供更为长远的综合专业服务。
公司地址：四川省成都市南延线格兰晴天一幢一单元一号
联系电话：028-85313667 QQ:604698649 524081044
E-MAIL bbzhangkk@126.com

数字圖像

建築方案設計

建築多媒體設計

建築三維動畫制作

DA LIAN LAN SE HAI AN TU XIANG SHE JI YOU XIAN GONG SI
E -- MAIL : BLUE_COAST_CG@163.COM
E -- MAIL : BLUE_COAST_CG@SINA.COM
TEL:0411-83771237
QQ:468830514 181790962

地址：大连市西岗区高尔基路212号-8-08-1号
Address: Dalian City, Xigang Gorky Road, No. 212, No. 8 08 1

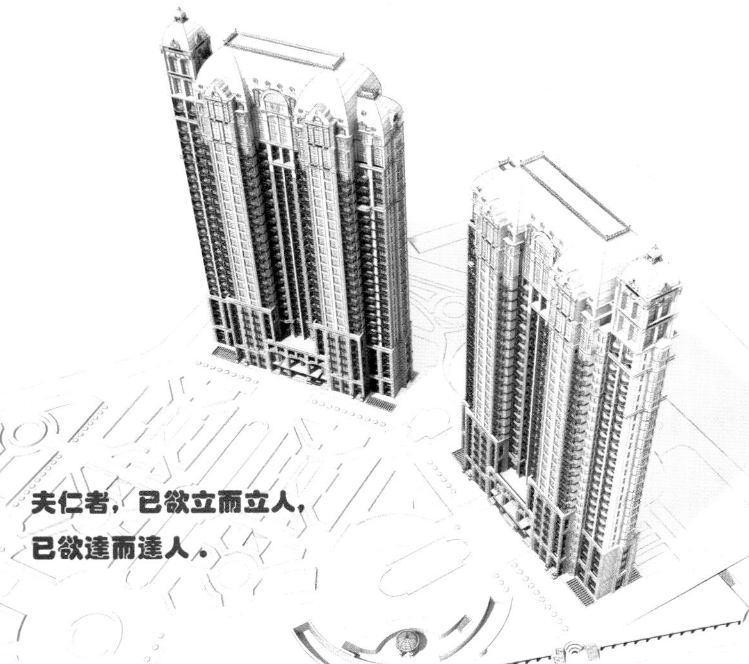

景尚科技
Jingsun Technology
建筑动画 城市三维仿真
规划效果图 建筑效果图 园林景观效果图
TEL:0573-82570208
E-mail:jskj2000@163.com
联系人：胡经理

JUNSHINE COMPUTER GRAPHICS
骏翔数字艺术
一步一脚印、追求完美、超越自我。创造建筑美学的视觉盛宴
主营：建筑表现，建筑动画，多媒体演示
ADD: 杭州市浅水湾城市花园36栋1-1301 ZIP: 310005
TEL: 0571-87381024 PHONE:15958016608 CONTACT PERSON: 徐经理
EMAILE: jx_cg@yahoo.com QQ:651458712 85544280

ManYan . Image
HANGZHOU MANYAN IMANGE DESIGN CN.,LTD
杭州漫沿建筑表现
公司成立以来秉承诚信经营、客户至上的经营理念服务于市场，用先进的数字化技术
全面的表达客户的意图和设计思想。我相信通过我们的不断努力和追求为更多的客户提供完美的服务
建筑效果图
建筑动画
多媒体
地址\ADD：浙江省杭州市武林路西子铭苑4幢2单元1401室
电话\TEL：0571-86894363
E-MAIL: XUYIN888@163.com

潘多拉CG教育实训基地
中国美术学院电脑美术设计中心
教学环境
Classroom

课程设置
Specialty Curriculum
教师作品
学生作品

**杭州·拓景数字科技有限公司** HANGZHOU TUOJING

杭州市下城区朝晖路179号嘉汇大厦2号楼2703 TEL:0571-85330016

## 关于拓景

杭州拓景数字科技有限公司于2011年2月成立，是一家专注于建筑、景观效果图表现、动画多媒体制作、虚拟现实、建筑、景观园林辅助设计咨询的专业化公司！公司凭借其在技术上的优势，以及服务质量上的不断提升，更加专业地服务于中国的建筑、景观园林发展与房地产开发。

## 我们的团队

由建筑学、城市规划、计算机、艺术类等专业人员组成的工作团队，确保我们对所从事的行业有着更加深刻的理解，从而准确的表达客户的设计意图。我们鼓励个人积极性和创新能力的发挥，确保从上到下有更加宽松、自由、活泼的交流空间和＇作环境！

## 我们的客户

在1年多的时间里，凭借我们的勤奋和努力、务实和高效，我们同国内国际众多的设计公司建立了长期的良好的合作关系！基于这种良好的合作基础，我们获得了充分的信任和信心，更加专著地服务于诸如：浙江省建筑设计研究院、杭州市城乡建设设计院有限公司、重庆贝尔高林建筑景观设计有限公司、杭州市建筑设计研究院、绍兴市华汇设计股份有限公司、杭州华艺建筑设计有限公司、绿城房地产集团有限公司、温州市天然勘察设计有限公司、杭州nita设计集团公司、宁波浩然景观工程设计有限公司、北京天泉佳境陵园建筑设计有限公司.....等众多知名设计公司！在他们的智慧使我们的城市和居住空间发生深刻的变化的同时，我们的成长过程也变得更加充实和具有成就感！

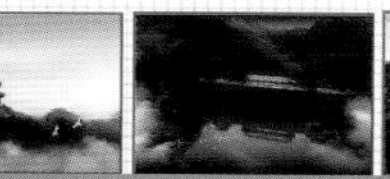

地址：杭州市下城区朝晖路179号嘉汇大厦2号楼2703室 电话：0571-85330016

手机：13819471251 Email：hztuojing@163.com QQ：757649439

XUANLAN DESIGN

# 杭州炫蓝数字科技有限公司

HANG ZHOU XUAN LAN DIGITAL TECHNOLOGY CO., LTD

杭州炫蓝数字科技有限公司国内一流数字影像供应商。公司坐落于美丽的杭州武林商圈高档地段，长期以来一直致力于三维数字高科技、影视楼盘广告设计、多媒体项目包装以及虚拟现实等领域的开发和应用，经过多年发展，炫蓝数字科技已经成为3D数字领域的先锋，是国内技术最成熟的公司之一。

地址：浙江省杭州市西湖区文三路498号天苑花园2幢11楼E座

TEL:0571-85788859 E-MAIL:hzxuanlan@126.com

FAX:0571-85788859 Q Q:1242743373

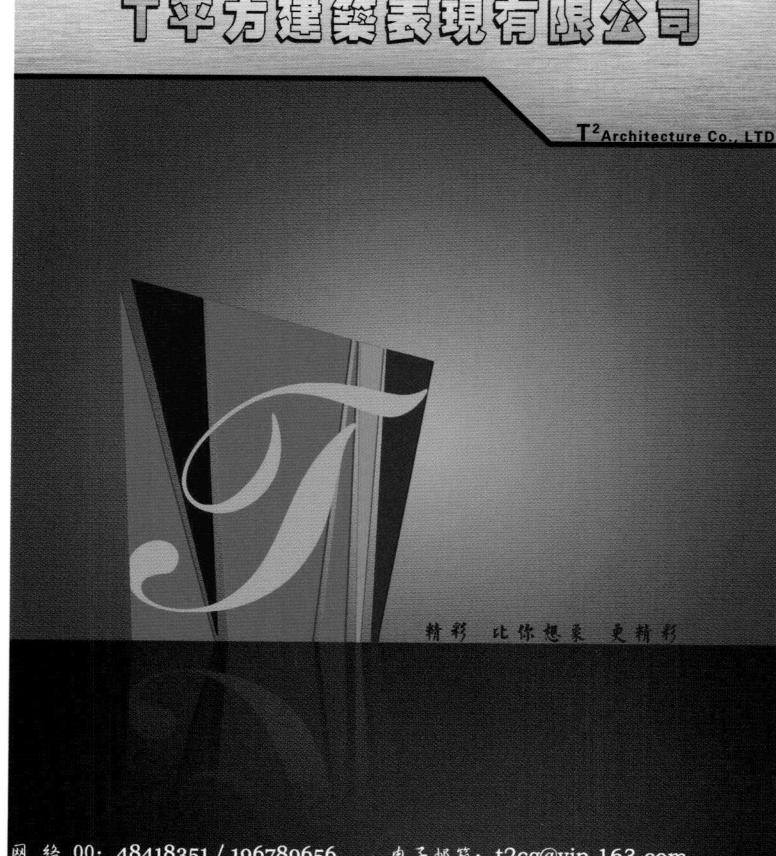


网络QQ：48418351 / 196789656 电子邮箱：t2cg@vip.163.com

业务电话：0551-4676260 邮政编码：230009

移动电话：13225897032 / 18756970518 办公地址：合肥市宣城路64号星辰花园B座206

## 合肥徽源图文设计工作室

墨鉴徽州源，砚扬国萃韵。“徽源”，溯源思贤，

怀揣一份对工作和对生活的责任和热爱，

我们毅然选择着并努力着，开拓进取不断创新！

地址：合肥市屯溪路251号世纪云顶大厦A座1401室

（屯溪路与徽州大道交叉口）

联系人：曾凡

电话：0551-4653410 0551-4653025

手机：13721113640

QQ：44073139

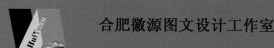

建筑效果图
虚拟现实
互动展示
三维动画
多媒体
网址：WWW.YSJG0531.COM
QQ:1460630883；1480731005
公司邮箱：YSJG0531@163.COM
电话：0531-62325058；13605311411
地址：济南市高新区舜华路2000号舜泰广场8号楼1102A
洛阳张涵数码影像技术开发有限公司
Luoyang ZhangHan Digital Photo Technical Development Company Ltd.
2012
qq:39793565
website:zhwn.com.cn
mob:13938877902
tel:68610811 68610821
e-mail:zhwn117@163.com
add:河南省洛阳市南昌路2号中侨地产大厦905室
ZHANGHAN 張涵
www.zhwn.com.cn / your architecture show expert vision professional community

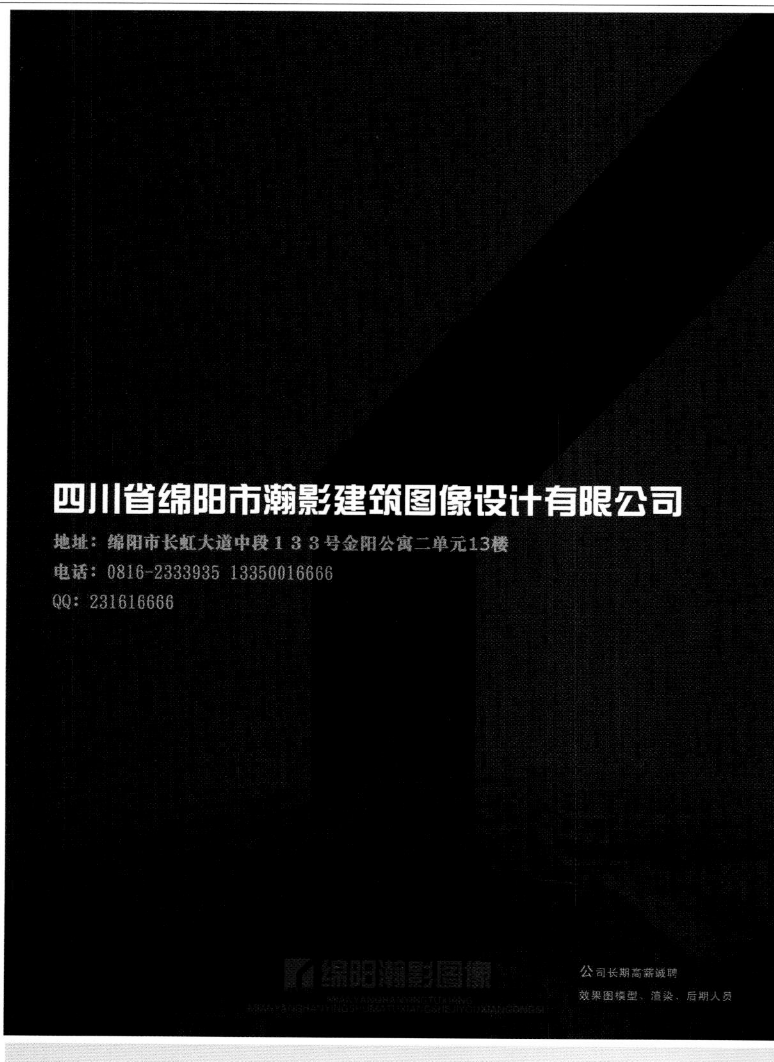
四川省绵阳市瀚影建筑图像设计有限公司
地址：绵阳市长虹大道中段１３３号金阳公寓二单元13楼
电话：0816-2333935 13350016666
QQ：231616666
绵阳瀚影图像
公司长期高薪诚聘
效果图模型、渲染、后期人员

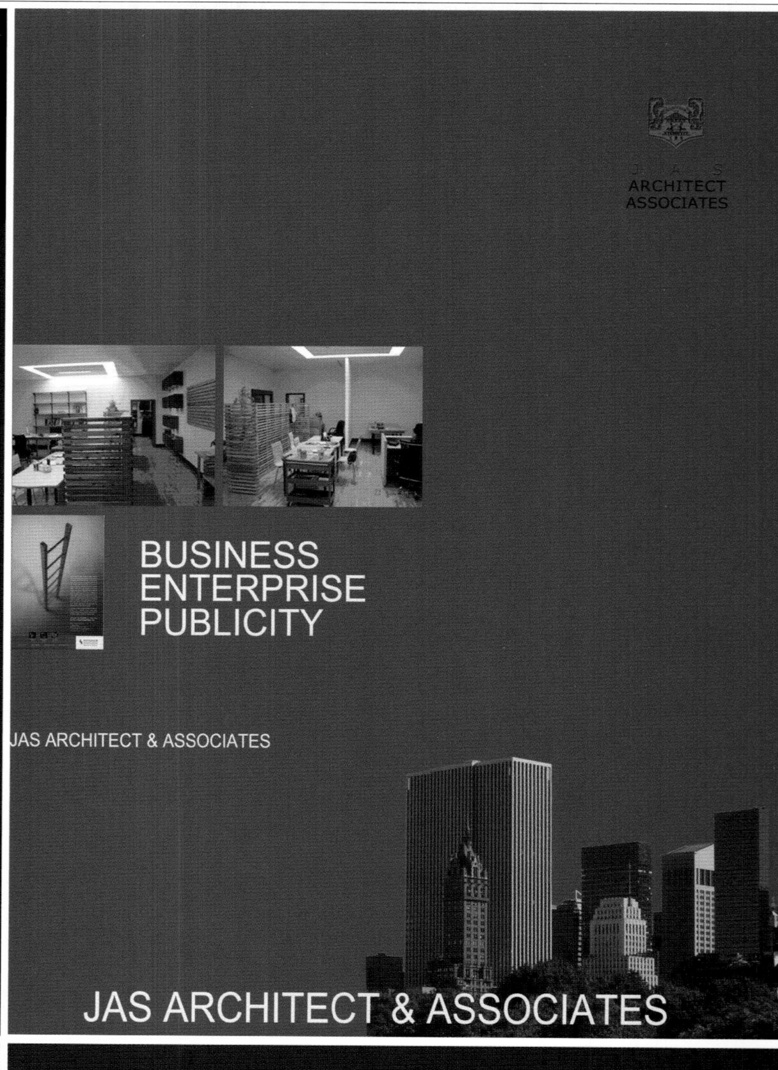
ARCHITECT
ASSOCIATES
BUSINESS
ENTERPRISE
PUBLICITY
JAS ARCHITECT & ASSOCIATES
JAS ARCHITECT & ASSOCIATES

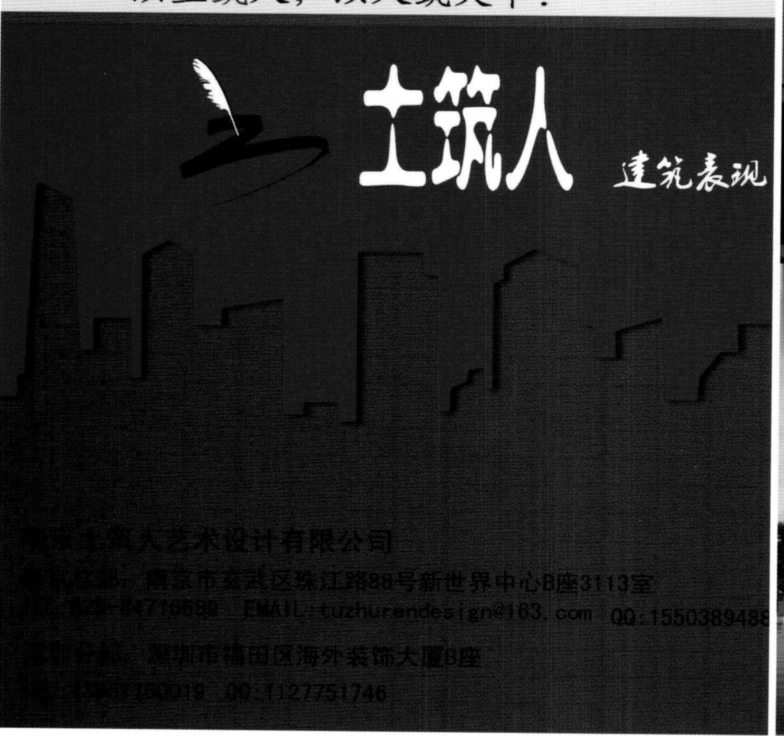
土为万物之本，人乃万物之主，
以土筑人，以人筑天下！
土筑人
建筑表现
筑人艺术设计有限公司
南京市玄武区珠江路88号新世界中心B座3113室
EMAIL tuzhurendesign@163.com QQ:1550389488
深圳市福田区海外装饰大厦B座
QQ:1127751746

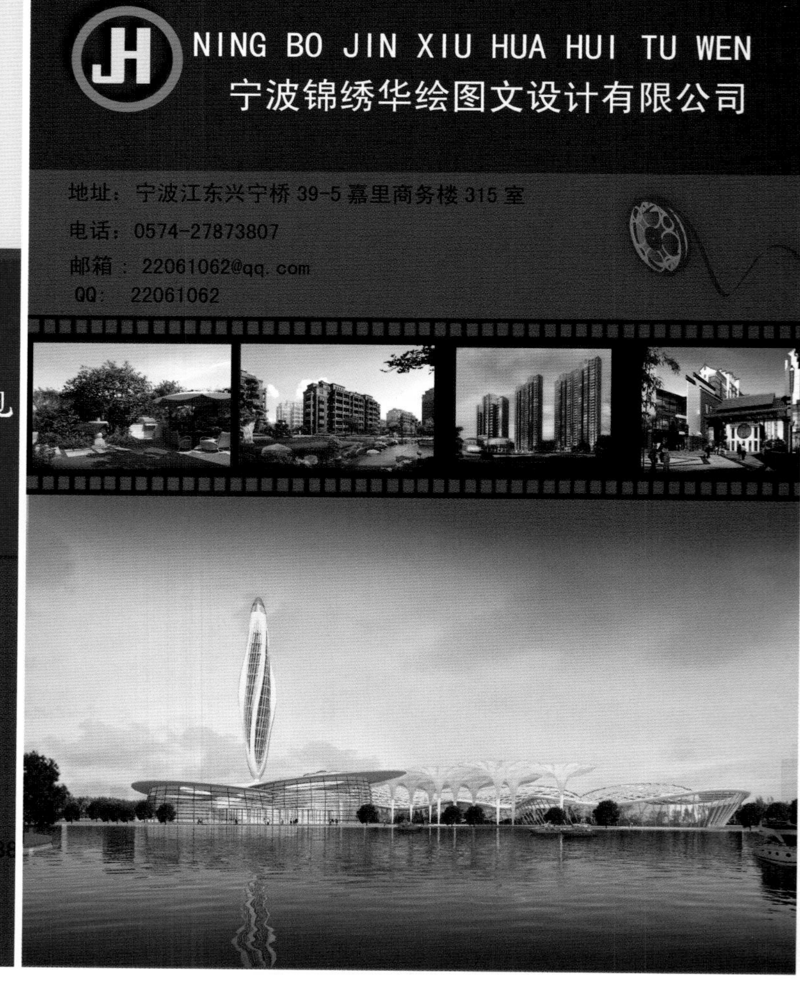
JH
NING BO JIN XIU HUA HUI TU WEN
宁波锦绣华绘图文设计有限公司
地址：宁波江东兴宁桥 39-5 嘉里商务楼 315 室
电话：0574-27873807
邮箱：22061062@qq.com
QQ: 22061062

MANGO TREE VIDEO DESIGN CO.,LTD
宁波芒果树图像设计有限公司
芒果树
地址：宁波市苍松路 43 号 602 603 室
电话：0574-27857599 13282216135
15867885818
QQ:1127270211
e-MAIL:1127270211@QQ.COM

電話：0574-87273724 傳真：0574-87274985
地址：浙江省寧波市海曙區解放北路128號新金穗大廈A座3-5
築景

房地产
数字体验
中心
建筑
表现
工业
产品
数字化
展览展示
GOLDEN
金东数字科技有限公司
网址：www.jd-cg.com 专线：4006-010-039
金东（青岛）数字科技
地址：青岛市银川西路国际动漫游戏产业园E座118、119 邮编：266071
电话：0532-85763937 85782668
邮箱：Qingdao@jd-cg.com
网址：www.jd-cg.com 全国统一咨询热线：4006-010-039； Email：jd@jd-cg.com
QQ:1055517818 MSN:cg@jd-cg.com

gensLan architectural design limited liability company
GENSLAN 金思澜
艺术与心灵沟通的完美结合
沈阳金思澜建筑设计咨询有限公司
T:024-23224410
18604031161
www.jinsilan.com

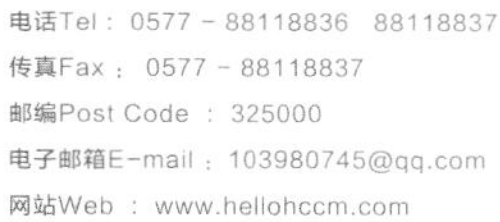

HCD
焕彩设计有限公司

地址Add： 温州市江滨西路曙光大厦C幢13B室
电话Tel： 0577 - 88118836 88118837
传真Fax： 0577 - 88118837
邮编Post Code ： 325000
电子邮箱E-mail： 103980745@qq.com
网站Web ： www.hellohccm.com

无锡艺派图文设计有限公司
WUXI YIPAI IMAGE DESIGN CO.,LTD.
Architectural Renderings 建筑画
YIPAI ARCHITECTURAL RENDERINGS

Add/WUXI YIPAI POTOGRAPH DESIGN COMPANY Room 1002,A building of Creationg Industry Apartment,NO.100,Dicui Road, Binhu area in WUXI postcode:214072
地址/無錫市濱湖區滴翠路100號創意產業園A棟1002室
藝派圖文設計有限公司/ 郵編 / 214072
Tel/0510-81020032/Mp/15961821317,13400010318/Mail/wxyipai@163.com

建筑室内外表现
景观表现
建筑动画
多媒体制作
建筑方案辅助设计

北京吉典博图文化传播有限公司是融建筑、美术、印刷为一体的出版策划机构。公司致力于建筑、艺术类精品画册的专业策划。以传播新文化、探索新思想、见证新人物为宗旨、全面关注建筑、美术业界的最新资讯。力争打造中国建筑师、设计师、艺术家自己的交流平台。本公司与英国、新加坡、法国、韩国等多个国家的出版公司形成了出版合作关系。是一个倍受国际关注的华语出版策划机构。

Beijing Auspicious Culture Transmission Co., Ltd. is a publication-planning agency integrating architecture, fine arts and printing into a whole. The Company is devoted to the specialized planning of the selected album in respect of architecture and art, and pays full attention to latest information in the fields of architecture and art, with the transmission of new culture, the exploration of new ideas, the witness of new celebrities as its tenet, striving to build up the communication platform for Chinese architectures, designers and artists. The Company has established cooperative relationships with many publishing companies in Britain, Singapore, France and Korea etc. countries; it is an outstanding Chinese publishing agency that draws the global attention.

# Contributions 征稿

# Wanted… 进行中……

《当代建筑师》、《当代景观设计》、《建筑+表现》

**<<Contemporary Architects>> << Contemporary Landscape Design>> <<ARCHITECTURE+EXPRESSION>>**

感谢您的参与！

TEL: 010-68786829 010-67533200 010-68215537 E-MAIL: jidianbotu@163.com QQ:751473495